■ 高等院校装备制造大类专业系列教材

U0177512

数控车床编程与加工

方迪成　邓集华　　　主　编
蒋　燕　何荣尚　余杜　副主编

清华大学出版社
北京

内 容 简 介

本书是职业教育创新规划教材,结合数控加工技术相关的岗位要求,以任务驱动教学法为指引编写而成。本书贯彻国家现行职业标准,力求体现新材料、新设备、新工艺、新技术。

本书分 3 篇,共 15 个学习任务,主要内容包括数控车工基础、典型零件的数控车削加工、"1＋X"数控车铣加工职业技能等级证书(初级)考证、附录等。本书配套教学视频、电子教案、多媒体课件等丰富的数字教学资源,可扫描书中二维码免费获取。

本书可作为中职和高职院校数控技术应用及相关专业的教学用书,也可作为专业技术人员的参考用书。

图书在版编目(CIP)数据

数控车床编程与加工/方迪成,邓集华主编.—北京:清华大学出版社,2023.5
高等院校装备制造大类专业系列教材
ISBN 978-7-302-62989-4

Ⅰ.①数… Ⅱ.①方…②邓… Ⅲ.①数控机床－车床－程序设计－教材②数控机床－车床－加工工艺－教材 Ⅳ.①TG519.1

中国国家版本馆 CIP 数据核字(2023)第 039701 号

责任编辑:王剑乔
封面设计:刘 键
责任校对:刘 静
责任印制:丛怀宇

出版发行:清华大学出版社
 网　　　址:http://www.tup.com.cn,http://www.wqbook.com
 地　　　址:北京清华大学学研大厦 A 座　　　邮　　编:100084
 社 总 机:010-83470000　　　邮　　购:010-62786544
 投稿与读者服务:010-62776969,c-service@tup.tsinghua.edu.cn
 质量反馈:010-62772015,zhiliang@tup.tsinghua.edu.cn
 课件下载:http://www.tup.com.cn,010-83470410
印 刷 者:三河市铭诚印务有限公司
装 订 者:三河市启晨纸制品加工有限公司
经　　销:全国新华书店
开　　本:185mm×260mm　　印　张:17　　　　字　　数:411 千字
版　　次:2023 年 5 月第 1 版　　　　　　　印　　次:2023 年 5 月第 1 次印刷
定　　价:69.00 元

产品编号:096282-01

本书编委会

主　　编：

　　方迪成　　邓集华

副　主　编：

　　蒋　燕　　何荣尚　　余　杜

参　　编：

　　匡伟民　　陆子宇　　刘俊英　　郑奕亮

　　关焯远　　王　星　　辛　健　　李　军

前　言

习近平总书记在党的"二十大"报告中指出：加快建设国家战略人才力量，努力培养造就更多大师、战略科学家、一流科技领军人才和创新团队、青年科技人才、卓越工程师、大国工匠、高技能人才。技能人才是支撑中国制造、中国创造的重要力量。加强高级工以上的高技能人才队伍建设，对巩固和发展工人阶级先进性，增强国家核心竞争力和科技创新能力，缓解就业结构性矛盾，推动高质量发展具有重要意义。

制造业是国民经济的主体，是立国之本、兴国之器、强国之基。数控技术则是现代制造业的前沿技术，数控技术的水准、拥有量和普及程度已经成为衡量一个国家综合国力和工业现代化水平的重要标志之一。《中国制造2025》就明确提出了大力发展高端数控机床等十大重点创新领域。本书就是为了适应培养数控专业技术人才的需求、响应国家新时期职业教育中高职衔接的指导思想编写而成，本书力求体现以下特色。

1. 中高职衔接的教材结构设计

全书由数控车工基础、典型零件的数控车削加工、"1＋X"数控车铣加工职业技能等级证书（初级）考证 3 篇构成。其中，前两篇的内容适合于中、高职学生的入门学习，第 3 篇为"1＋X"数控车铣加工职业技能等级证书（初级）考核项目。另外，本书还收录了广东省中职学生参加职教高考的技能考核项目、全国"1＋X"数控车铣加工职业技能等级证书（中级）考证项目（以电子版形式提供，读者可扫描目录后的二维码下载使用），适合职业院校学生学习参考。

2. 教学内容体现循序渐进原则

全书教学内容从数控车床的基本操作和编程基础开始，到典型轴类零件的加工，再上升到职业技能证书的考核，教学内容从简到难、由浅入深，遵循了学生循序渐进的认知规律。

3. 特色鲜明的课程思政元素

各学习任务中专门开辟了"课前思政小故事"的学习环节，把思政元素融入专业教学中，让学生在思政背景下学习专业技能，激发学生技能报国的爱国情怀。

4. 丰富多彩的信息化应用

本书结合新媒体信息化手段,以大量的视频、三维立体图、实物图片、实用表格等呈现知识与技能,把抽象枯燥的文字知识转化为直观、易学、易懂的数字化影像,提高学生的学习兴趣,充分满足信息化课堂教学及学生课前、课后自我学习的需求。

5. 新型活页式教材

本书内容中插入了可供学生灵活填写的学习活页,形式上采用活页式装订,方便学生学习与教师教学。

本书建议学时为 94 至 112 学时之间,具体学时分配可参考下表。

目　录	内　容	建议学时	学习建议
学习任务 1	数控车间 5S 活动	2	必修
学习任务 2	数控车床的日常保养	4	必修
学习任务 3	录入程序	4	必修
学习任务 4	数控车床的对刀操作	6	必修
学习任务 5	导柱的加工	12	必修
学习任务 6	固定顶尖的加工	10	必修
学习任务 7	手柄的加工	10	必修
学习任务 8	螺栓的加工	10	必修
学习任务 9	轴承套的加工	12	必修
学习任务 10	滚轮的加工	10	必修
学习任务 11	尾锥的加工	8	必修
学习任务 12	阶梯轴的加工	6	选修
学习任务 13	传动轴 1 的加工	6	必修
学习任务 14	传动轴 2 的加工	6	选修
学习任务 15	传动轴 3 的加工	6	选修
合计	112 学时		

本书由汕头职业技术学院方迪成和广州市交通运输职业学校邓集华担任主编,由汕头职业技术学院蒋燕、广州市交通运输职业学校何荣尚和广州市工贸技师学院余杜担任副主编,参编人员有汕头市陀斯包装机械有限公司郑奕亮、广州市工贸技师学院匡伟民、广州市交通运输职业学校李军、关焯远、陆子宇、刘俊英、王星、辛健等。全书由邓集华统稿、方迪成校对,全书英文编辑与校对、课程思政内容由余杜负责。

本书在编写过程中参考了大量的文献资料,在此向文献资料的作者致以诚挚的谢意。由于编写时间及编者水平有限,书中难免有疏漏之处,恳请广大读者批评、指正。

编　者
2023 年 3 月

目　录

第 1 篇　数控车工基础

学习任务 1　数控车间 5S 活动 ················· 3

学习任务 2　数控车床的日常保养 ················· 12

学习任务 3　录入程序 ················· 21

学习任务 4　数控车床对刀操作 ················· 32

第 2 篇　典型零件的数控车削加工

学习任务 5　导柱的加工 ················· 51

学习任务 6　固定顶尖的加工 ················· 70

学习任务 7　手柄的加工 ················· 89

学习任务 8　螺栓的加工 ················· 105

学习任务 9　轴套的加工 ················· 125

学习任务 10　滚轮的加工 ················· 145

第 3 篇　"1＋X"数控车铣加工职业技能等级证书(初级)考证

学习任务 11　尾锥的加工 ················· 169

学习任务 12　阶梯轴的加工 ················· 184

学习任务 13　传动轴 1 的加工 ················· 199

学习任务 14　传动轴 2 的加工 ················· 215

学习任务 15　传动轴 3 的加工 ················· 231

附　录

附录 A　数控车床常用刀具 ················· 251

附录 B　常用量具 ················· 254

附录 C　垃圾分类操作指引 ···································· 258

附录 D　各数控系统 G 代码指令表 ························· 260

参考文献 ··· 264

广东省中职学生参加职
教高考的技能考核项目

"1＋X"数控车铣加工职业技能
等级证书（中级）考证项目

第1篇

数控车工基础

学习任务1　数控车间5S活动

学习任务2　数控车床的日常保养

学习任务3　录入程序

学习任务4　数控车床对刀操作

数控车间 5S 活动

5S 活动

学习内容

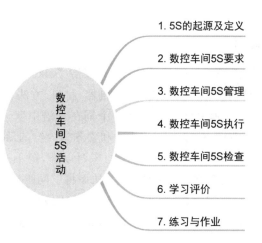

数控车间 5S 活动

1. 5S的起源及定义

2. 数控车间5S要求

3. 数控车间5S管理

4. 数控车间5S执行

5. 数控车间5S检查

6. 学习评价

7. 练习与作业

◇ **知识目标**

(1) 查看宣传板,明确 5S 项目及其内容。

(2) 明确 5S 要求。

◇ **技能目标**

(1) 能正确制订数控车间 5S 内容。

(2) 能按照 5S 要求完成车间整理、整顿、清扫、清洁工作。

◇ **素质目标**

(1) 能够规范着装。

(2) 能够制订 5S 现场工作计划。

(3) 能够按照 5S 要求做好工位的整理与清洁工作。

◇ **核心素养目标**

(1) 初步具备安全文明生产意识。

(2) 初步具备环保意识。

(扫描可观看)

新的学期开始了,安静了一个假期的数控车间,迎来了新的学生。现需要学生根据 5S 的要求,完成车间的整理、整顿、清扫、清洁工作,提升自身素养,建设美好车间。

1. 5S 的起源及定义

5S 是整理(Seiri)、整顿(Seiton)、清扫(Seiso)、清洁(Seiketsu)和素养(Shitsuke)这 5 个词的缩写,起源于日本,是指在生产现场对人员、机器、材料、方法等生产要素进行有效管理,这是日本企业独特的一种管理办法。因为这 5 个词在日语中罗马拼音的第一个字母都是 S,所以简称为 5S,开展以整理、整顿、清扫、清洁和素养为内容的活动,称为 5S 活动。

整理,是指区分要与不要的东西,除了要用的东西以外,把不必要的东西处理掉。如撤去不需要的设备、管线、工具、模型和个人物品等,从而将空间腾出来活用。

整顿,是指要的东西按规定定位、定方法摆放整齐,明确数量,明确标示,实现定名、定量、定位。使常用的东西能被及时、准确地取出,保持必要时马上能使用的状态和谁都能了解的状态,做到不浪费时间找东西。

清扫,是指去除现场的脏物、垃圾、污点,经常清扫、检查,形成制度,采取根治污物的对策。如彻底改善设备漏水、漏油、漏气以及易落下灰尘等状况,保持场所干净、明亮。

清洁,是指要时时保持工作场所干净的状态,保持环境卫生。如定期进行卫生、安全检查,采取防止污染、噪声和震动的对策,使现场明亮化。

素养,是指要加强修养,美化身心,做到心灵美、行为美。人人养成良好的工作习惯,自觉遵守和执行各种规章制度与标准,实现提升"人的品质"。

2. 数控车间 5S 要求

参考"数控车床安全操作规程""安全用电常识""安全文明生产的注意事项"等内容,结合数控车间现场具体情况,并查阅"数控车间管理规定"等相关资料,完成数控车间 5S 管理表的制订。

1) 数控车床安全操作规程

(1) 数控系统的编程、操作和维修人员必须经过专门的技术培训,熟悉所用数控车床的使用环境、条件和工作参数等,严格按机床和系统的使用说明书要求正确、合理地操作机床。

(2) 操作前穿戴好防护用品(工作服、安全帽、防护眼镜、口罩等),严禁穿拖鞋、凉鞋。操作时,操作人员必须扎紧袖口,束紧衣襟,严禁戴手套、围巾或敞开衣服,以防衣物、头发、手等被卷入旋转卡盘和刀具之间。

(3) 操作前应检查车床各部件及安全装置是否安全可靠,检查设备电气部分安全可靠程度是否良好。

(4) 工件、夹具、工具、刀具必须装夹牢固。运转机床前要观察周围动态,有妨碍运转、传动的物件要先清除,确认一切正常后才能操作。

(5) 练习或对刀,一定要牢记增量方式的倍率×1、×10、×100、×1000,适时选择合理的倍率,避免机床发生碰撞。X、Z 的正、负方向不能搞错,否则按错方向按钮可能发生意外事故。

(6) 正确设定工件坐标系,编辑或复制加工程序后,应校验运行。

(7) 机床运转时,不得调整、测量工件和改变润滑方式,以防手触及刀具碰伤手指。一旦发生危险或紧急情况,马上按下操作面板上红色的"急停"按钮,伺服进给及主轴运转立即停止工作,机床一切运动停止。

(8) 在主轴旋转未完全停止前,严禁用手制动。

(9) 在加工过程中,如出现异常危急情况,可按下"急停"按钮,以确保人身和设备的安全。

(10) 夹持工件的卡盘、拔盘、鸡心夹的凸出部分最好使用防护罩,以免绞住衣服及身体的其他部位。如无防护罩,操作时要注意保持距离,不要靠近。

(11) 用顶尖夹工件时,顶尖与中心孔应完全一致,不能用破损或歪斜的顶尖,使用前应将顶尖和中心孔擦净,后尾座顶尖要顶牢。

(12) 车削细长工件时,为保证安全应采用中心架或跟刀架,长出车床部分应有标志。

(13) 车削不规则工件时,应装平衡块,并试转平衡后再切割。

(14) 刀具装夹要牢固,刀头伸出部分不要超出刀体高度的 1.5 倍,垫片的形状尺寸应与刀体形状尺寸相一致,垫片应尽可能少而平。

(15) 转动刀架时要把车刀退回到安全的位置,防止车刀碰撞卡盘,上落大工件时床面上要垫木板。

（16）除车床上装有运转中自动测量装置外，均应停车测量工件，并将刀架移到安全位置。

（17）对切割下来的带状切屑、螺旋状长切屑，应用钩子及时清除，严禁用手拉。

（18）为防止崩碎切屑伤人，应在加工时关上安全门。

（19）用砂布打磨工件表面时，应把刀具移动到安全位置，不要让衣服和手接触工件表面。

（20）打磨内孔时，不可用手指支撑砂布，应用木棍代替，同时速度不宜太快。

2）安全文明生产的注意事项

（1）数控车床的使用环境要避免光的直接照射和其他热辐射，避免太潮湿或粉尘过多的场所，特别要避免有腐蚀气体的场所。

（2）数控车床的开机、关机顺序，按照机床说明书的规定操作。

（3）主轴启动开始切削之前一定要关好防护罩门，程序正常运行中严禁开启防护罩门。

（4）机床在正常运行时，不允许打开电气柜的门。

（5）加工程序必须经过严格检验才可进行操作运行。

（6）手动对刀时，应注意选择合适的进给速度；手动换刀时，刀架距工件要有足够的转位距离，不至于发生碰撞。

（7）一般情况下开机过程中必须先进行回机床参考点操作，建立机床坐标系。

（8）机床发生事故，操作者注意保留现场，并向指导老师如实说明情况。

（9）未经许可，操作者不得随意动用其他设备，不得任意更改数控系统内部制造厂设定的参数。

（10）经常润滑机床导轨，做好机床的清洁和保养工作。

3）安全用电常识

（1）自己经常接触和使用的配电箱、配电板、闸刀开关、按钮开关、插座、插头以及导线等，必须保持完好，不得有破损或将带电部分裸露出来。

（2）非电工不准拆装、修理电气设备，发现破损的电线、开关、灯头及插座应及时与电工联系修理，不得带故障运行。

（3）机床工作台上使用的局部照明灯的电压不得超过 36V。

（4）打扫卫生、擦拭设备时，严禁用水冲洗或用湿布擦拭，也不要用湿手和金属物扳带电的电气开关，以免发生短路和触电事故。

（5）不要随便乱动车间内的电气设备和开关。

（6）不准用电气设备和灯泡取暖。

（7）不准擅自移动电气安全标志、围栏等安全设施。

（8）不准使用检修中机器的电气设备。

（9）不准使用绝缘损坏的电气设备。

（10）发生电气火灾时，应立即切断电源，用黄砂、二氧化碳等灭火器材灭火。切不可用有导电危险的水或泡沫灭火器灭火。救火时应注意个人防护，身体的任何部分及灭火器材不得与电线、电气设备接触，以防发生危险。

4）应急处理

（1）在加工过程中，一旦发生危险或出现异常情况，马上按下操作面板上红色的"急停"按钮，伺服进给及主轴运转立即停止工作，机床一切运动停止，以确保人身和设备的安全。

（2）操作中出现工件跳动、打抖、异常声音、夹具松动等异常情况时必须停车处理。

（3）紧急停车后，应重新进行机床"回零"操作，才能再次运行程序。

（4）接通电源的同时，不要按面板上的键。在 CRT（显示器）显示以前，不要按控制面板上的键。因为此时面板键还用于维修和特殊操作，如果按下有可能会引起意外。

 **任务实施**

1．数控车间 5S 管理

请根据自己对 5S 的理解，在教师的指导下，完成表 1-1 数控车间 5S 管理表的制订。

表 1-1 数控车间 5S 管理表

序号	项目	具 体 内 容	负责人	备注
1	整理	对工作场所（范围）全面检查，包括看得到的和看不到的		
		把以后不再使用和不能用的物品清理掉		
		把一个月以上不用的物品放置到指定位置		
		把一星期内要用的物品放置到近工作区并摆放好		
		现场摆放的物品定时清理		
		每日检查		
2	整顿	工作区、物品放置区、通道位置进行规划并明显标识		
		通道畅通，无物品占用通道		
		夹具、计测器、工具等正确使用，摆放整齐，标识清楚		
		材料等堆放整齐		
		机器上不摆放不必要的物品，工具摆放牢靠		
		如沾有油的抹布等易燃物品，定位摆放，尽可能隔离		
		个人离开工作岗位，物品整齐放置		
3	清扫	建立清扫责任区		
		执行例行清扫，清理脏污		
		调查污染源，予以杜绝		
		建立清扫基准，行为规范		
		每天点检设备		
4	清洁	每天上、下班做好 5S 工作		
		设备的清扫、检查		
		随时自我检查，互相检查，定期或不定期进行检查		
		对不符合的情况及时纠正		
		整理、整顿、清扫保持良好		
5	素养	佩戴校卡，穿工作服整洁得体，仪容整齐大方		
		言谈举止文明有礼，对人热情大方		
		精神饱满，有责任心及勤奋上进		
		有团队精神，互帮互助，积极参与 5S 活动		
		时间观念强		
		能主动工作，相互督促进步		
		爱护财产，不浪费资源		

2. 数控车间 5S 执行

请根据数控车间 5S 管理表要求，完成数控车间的 5S 活动，填写表 1-2 数控车间 5S 管理执行表中的自评及小组评价项目。其中，小组长对执行人的 5S 活动进行小组评价。

表 1-2 数控车间 5S 管理执行表

班级		组别		姓名	
序号	项目	具 体 内 容		自评	小组评价
1	整理	对工作场所(范围)全面检查，包括看得到的和看不到的		好 □ 一般 □ 差 □	好 □ 一般 □ 差 □
		把以后不再使用和不能用的物品清理掉		好 □ 一般 □ 差 □	好 □ 一般 □ 差 □
		把一个月以上不用的物品放置到指定位置		好 □ 一般 □ 差 □	好 □ 一般 □ 差 □
		把一星期内要用的物品放置到近工作区并摆放好		好 □ 一般 □ 差 □	好 □ 一般 □ 差 □
		现场摆放的物品定时清理		好 □ 一般 □ 差 □	好 □ 一般 □ 差 □
		每日检查		好 □ 一般 □ 差 □	好 □ 一般 □ 差 □
2	整顿	工作区、物品放置区、通道位置进行规划并明显标识		好 □ 一般 □ 差 □	好 □ 一般 □ 差 □
		通道畅通，无物品占用通道		好 □ 一般 □ 差 □	好 □ 一般 □ 差 □
		夹具、计测器、工具等正确使用，摆放整齐，标识清楚		好 □ 一般 □ 差 □	好 □ 一般 □ 差 □
		材料等堆放整齐		好 □ 一般 □ 差 □	好 □ 一般 □ 差 □
		机器上不摆放不必要的物品，工具摆放牢靠		好 □ 一般 □ 差 □	好 □ 一般 □ 差 □
		如沾有油的抹布等易燃物品，定位摆放，尽可能隔离		好 □ 一般 □ 差 □	好 □ 一般 □ 差 □
		个人离开工作岗位，物品整齐放置		好 □ 一般 □ 差 □	好 □ 一般 □ 差 □
3	清扫	建立清扫责任区		好 □ 一般 □ 差 □	好 □ 一般 □ 差 □
		执行例行清扫，清理脏污		好 □ 一般 □ 差 □	好 □ 一般 □ 差 □
		调查污染源，予以杜绝		好 □ 一般 □ 差 □	好 □ 一般 □ 差 □
		建立清扫基准，行为规范		好 □ 一般 □ 差 □	好 □ 一般 □ 差 □
		每天点检设备		好 □ 一般 □ 差 □	好 □ 一般 □ 差 □
4	清洁	每天上、下班做好 5S 工作		好 □ 一般 □ 差 □	好 □ 一般 □ 差 □
		设备的清扫、检查		好 □ 一般 □ 差 □	好 □ 一般 □ 差 □
		随时自我检查，互相检查，定期或不定期进行检查		好 □ 一般 □ 差 □	好 □ 一般 □ 差 □
		对不符合的情况及时纠正		好 □ 一般 □ 差 □	好 □ 一般 □ 差 □
		整理、整顿、清扫保持良好		好 □ 一般 □ 差 □	好 □ 一般 □ 差 □
5	素养	佩戴校卡，穿工作服整洁得体，仪容整齐大方		好 □ 一般 □ 差 □	好 □ 一般 □ 差 □
		言谈举止文明有礼，对人热情大方		好 □ 一般 □ 差 □	好 □ 一般 □ 差 □
		精神饱满，有责任心及勤奋上进		好 □ 一般 □ 差 □	好 □ 一般 □ 差 □
		有团队精神，互帮互助，积极参与 5S 活动		好 □ 一般 □ 差 □	好 □ 一般 □ 差 □
		时间观念强		好 □ 一般 □ 差 □	好 □ 一般 □ 差 □
		能主动工作，相互督促进步		好 □ 一般 □ 差 □	好 □ 一般 □ 差 □
		爱护财产，不浪费资源		好 □ 一般 □ 差 □	好 □ 一般 □ 差 □

3. 数控车间 5S 检查

请根据各小组及其成员在数控车间 5S 活动中的表现，完成表 1-3 数控车间 5S 检查表中的小组互评和教师评价。

表 1-3　数控车间 5S 检查表

班级		组别		评价人	
序号	项目	具 体 内 容		小组互评	教师评价
1	整理	对工作场所(范围)全面检查,包括看得到的和看不到的		好 □　一般 □　差 □	好 □　一般 □　差 □
		把以后不再使用和不能用的物品清理掉		好 □　一般 □　差 □	好 □　一般 □　差 □
		把一个月以上不用的物品放置到指定位置		好 □　一般 □　差 □	好 □　一般 □　差 □
		把一星期内要用的物品放置到近工作区并摆放好		好 □　一般 □　差 □	好 □　一般 □　差 □
		现场摆放的物品定时清理		好 □　一般 □　差 □	好 □　一般 □　差 □
		每日检查		好 □　一般 □　差 □	好 □　一般 □　差 □
2	整顿	工作区、物品放置区、通道位置进行规划并明显标识		好 □　一般 □　差 □	好 □　一般 □　差 □
		通道畅通,无物品占用通道		好 □　一般 □　差 □	好 □　一般 □　差 □
		夹具、计测器、工具等正确使用,摆放整齐,标识清楚		好 □　一般 □　差 □	好 □　一般 □　差 □
		材料等堆放整齐		好 □　一般 □　差 □	好 □　一般 □　差 □
		机器上不摆放不必要的物品,工具摆放牢靠		好 □　一般 □　差 □	好 □　一般 □　差 □
		如沾有油的抹布等易燃物品,定位放置,尽可能隔离		好 □　一般 □　差 □	好 □　一般 □　差 □
		个人离开工作岗位,物品整齐放置		好 □　一般 □　差 □	好 □　一般 □　差 □
3	清扫	建立清扫责任区		好 □　一般 □　差 □	好 □　一般 □　差 □
		执行例行清扫,清理脏污		好 □　一般 □　差 □	好 □　一般 □　差 □
		调查污染源,予以杜绝		好 □　一般 □　差 □	好 □　一般 □　差 □
		建立清扫基准,行为规范		好 □　一般 □　差 □	好 □　一般 □　差 □
		每天点检设备		好 □　一般 □　差 □	好 □　一般 □　差 □
4	清洁	每天上、下班做好 5S 工作		好 □　一般 □　差 □	好 □　一般 □　差 □
		设备的清扫、检查		好 □　一般 □　差 □	好 □　一般 □　差 □
		随时自我检查,互相检查,定期或不定期进行检查		好 □　一般 □　差 □	好 □　一般 □　差 □
		对不符合的情况及时纠正		好 □　一般 □　差 □	好 □　一般 □　差 □
		整理、整顿、清扫保持良好		好 □　一般 □　差 □	好 □　一般 □　差 □
5	素养	佩戴校卡,穿工作服整洁得体,仪容整齐大方		好 □　一般 □　差 □	好 □　一般 □　差 □
		言谈举止文明有礼,对人热情大方		好 □　一般 □　差 □	好 □　一般 □　差 □
		精神饱满,有责任心及勤奋上进		好 □　一般 □　差 □	好 □　一般 □　差 □
		有团队精神,互帮互助,积极参与 5S 活动		好 □　一般 □　差 □	好 □　一般 □　差 □
		时间观念强		好 □　一般 □　差 □	好 □　一般 □　差 □
		能主动工作,相互督促进步		好 □　一般 □　差 □	好 □　一般 □　差 □
		爱护财产,不浪费资源		好 □　一般 □　差 □	好 □　一般 □　差 □

 学习评价

请根据本次任务学习过程中的实际情况,在表 1-4 中对自己及学习小组进行评价。

表 1-4　学习评价表

班级		组别		姓名		评价日期	
序号	项目	评 价	配分	个人自评	小组互评	教师评价	
1	整理	对工作场所检查是否全面	4				
		不用或不能用的物品清理是否彻底	4				
		物品是否按指定位置摆放	4				
		现场摆放物品是否定时清理	4				
		是否每日检查	4				

续表

序号	项目	评价	配分	个人自评	小组互评	教师评价
2	整顿	位置规划清晰、摆放整齐、标识明显	4			
		通道是否畅通	4			
		机器上是否有不必要物品,工具摆放是否牢靠	4			
		危险物品是否定位摆放且尽可能隔离	4			
		个人离开工作岗位,物品是否整齐放置	4			
3	清扫	建立清扫责任区	4			
		执行例行清扫,清理脏污	4			
		调查污染源,予以杜绝	4			
		建立清扫基准、行为规范	4			
		每天点检设备	4			
4	清洁	每天上、下班做好 5S 工作	4			
		设备的清扫、检查	4			
		定期或不定期进行检查	4			
		对不符合的情况及时纠正	4			
		整理、整顿、清扫保持良好	4			
5	素养	佩戴校卡,穿工作服整洁得体,仪容整齐大方	4			
		言谈举止文明有礼,对人热情大方	4			
		精神饱满,有责任心及勤奋上进	4			
		有团队精神,互帮互助,积极参与 5S 活动	4			
		时间观念强	2			
		爱护财产,不浪费资源	2			
合计			100			
教师评语						

 练习与作业

1. 课堂练习

1）填空题

（1）车间 5S 活动包括＿＿＿＿＿、＿＿＿＿＿、＿＿＿＿＿、＿＿＿＿＿、＿＿＿＿＿五个环节。

（2）数控机床在运行中,要将＿＿＿＿＿＿＿＿＿＿关闭以免铁屑、润滑油飞出伤人。

（3）操作机床时要戴好安全帽,工作服的袖口和衣襟应＿＿＿＿＿＿＿＿＿＿。

（4）安装刀具时,应使＿＿＿＿＿＿＿＿＿＿停止运转,注意＿＿＿＿＿＿＿＿＿＿不得超过规定值。

（5）刀盘转位时要特别注意,防止＿＿＿＿＿＿＿＿＿＿和床身、托板、防护罩、尾座等发生碰撞。

（6）在加工过程中,如出现异常危急情况,可按下＿＿＿＿＿＿＿＿＿＿按钮,以确保人身和设备的安全。

2）判断题

（1）为了提高工作效率，装夹车刀和测量工件时可以不停车。　　　　　　（　　）

（2）数控机床在工作时，女生要戴工作帽，并将长发塞入帽子里。　　　　（　　）

（3）为了保证人身安全，电气设备的安全电压规定为 36V 以下。　　　　　（　　）

（4）操作中若出现异常现象，操作者应立即切断电源并进行维修。　　　　（　　）

（5）使用数控机床时，操作者不得随意修改数控机床的各类参数。　　　　（　　）

3）选择题

（1）符合着装整洁文明生产的是（　　　　）。

　　A. 在工作中吸烟　　　　　　　　　　B. 随便着衣

　　C. 遵守安全技术操作规程　　　　　　D. 未执行规章制度

（2）不爱护设备的做法是（　　　　）。

　　A. 正确使用设备　　　　　　　　　　B. 定期拆装设备

　　C. 及时保养设备　　　　　　　　　　D. 保持设备清洁

（3）不符合文明生产基本要求的是（　　　　）。

　　A. 贯彻操作规程　　　　　　　　　　B. 自行维修设备

　　C. 遵守生产纪律　　　　　　　　　　D. 执行规章制度

（4）违反安全操作规程的是（　　　　）。

　　A. 遵守安全操作规程　　　　　　　　B. 执行国家安全生产的法令、规定

　　C. 执行国家劳动保护政策　　　　　　D. 可使用不熟悉的机床和工具

4）思考题

（1）请你结合本次任务的学习情况，谈一谈对 5S 的认识。

（2）简述数控机床安全操作规程。

（3）简述遵守数控机床安全文明生产要求的重要意义。

2. 课后作业

请你结合本次任务的学习情况，在课后撰写学习报告，并上传至线上学习平台。学习报告内容要求如下。

（1）绘制一张本次任务所学知识和技能的思维导图。

（2）总结自己或者小组在学习过程中出现的问题，以及解决方法。

（3）撰写学习心得与反思。

学习任务2

数控车床的日常保养

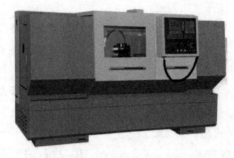

数控车床

◇ 学习内容

数控车床的日常保养

1. 数控车床的结构

2. 数控车床的分类

3. 数控车床的保养要求

4. 数控车床日常保养的详细内容

5. 学习评价

6. 练习与作业

学习目标

◇ **知识目标**

(1) 能够正确叙述数控车床的加工原理。

(2) 能够正确叙述数控车床的组成。

(3) 能够正确判断数控车床的结构布局。

(4) 能够明确日常保养要求。

◇ **技能目标**

（1）能够对数控车床进行分类。

（2）能够独立执行日常保养计划。

（3）能够完成设备的清扫、检查。

◇ **素质目标**

（1）能够制订自我工作计划。

（2）能够按 5S 要求做好工位的整理与清洁工作，对不符合的情况能及时纠正。

◇ **核心素养目标**

（1）能够执行 5S 管理规范要求。

（2）主动与其他同学进行沟通，初步具备团队精神与互帮互助意识。

（3）基本树立安全意识、爱护财产意识。

（扫描可观看）

　　企业车间有一批数控车床，每天下班后需要对所有数控车床进行日常保养与维护作业。请同学们通过对数控车床的工作原理、组成、结构、分类的学习，完成对数控车床的认知，并在教师的指导下，借助参考资料，制订数控车床的日常保养计划，完成数控车床的日常保养。

1. 数控车床的结构

1）数控车床的加工原理

　　首先要将被加工零件的图样及数控车床加工工艺信息数字化，用规定的代码和程序格式编写加工程序；然后将所编程序指令输入到车床的数控装置中，数控装置将程序（代码）进行译码、运算后，向车床各个坐标的伺服机构和辅助控制装置发出信号，驱动车床各运动部件，控制所需的辅助运动；最后加工出合格零件。数控车床加工原理如图 2-1 所示。

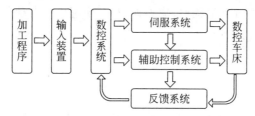

图 2-1　数控车床加工原理图

2) 数控车床的组成

数控车床的基本构成主要包括控制介质、数控装置、伺服系统、车床本体和测量反馈装置,如图 2-2 所示。

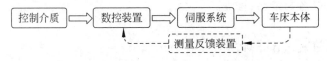

图 2-2　数控车床的组成示意

数控车床的外观及数控系统操作面板如图 2-3 和图 2-4 所示。

图 2-3　数控车床外观　　　　　图 2-4　数控系统操作面板

其中,车床本体包括有床身、主轴及主轴电机、三爪卡盘、电动刀架及刀架电机、尾座、冷却管路及水泵、润滑油路及油泵、工作台等部件。部分部件如图 2-5～图 2-7 所示。

图 2-5　电动刀架　　　　图 2-6　三爪卡盘　　　　图 2-7　尾座

3) 数控车床的结构布局

数控车床的主轴、尾座等部件相对床身的布局形式与普通车床基本一致,而影响数控车床使用性能的床身结构、导轨的布局形式等则不一样,主要有水平床身、倾斜床身、水平床身斜滑板、立床身等,其布局形式如图 2-8 所示。

水平床身配上水平放置的刀架可提高刀架的运动精度。

水平床身配上倾斜放置的滑板,排屑方便,易于实现单机自动化。

2. 数控车床的分类

1) 按主轴放置方法分类

(1) 立式数控车床

立式数控车床简称为数控立车,其车床主轴垂直于水平面,配备一个直径很大的圆形工

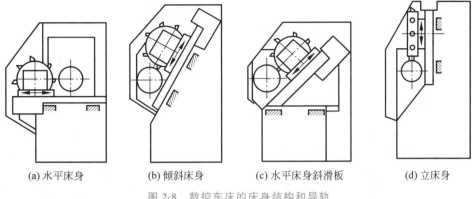

(a) 水平床身　　　　(b) 倾斜床身　　　(c) 水平床身斜滑板　　　(d) 立床身

图 2-8　数控车床的床身结构和导轨

作台用来装夹工件。这类机床主要用于加工径向尺寸大、轴向尺寸相对较小的大型复杂零件,如图 2-9 所示。

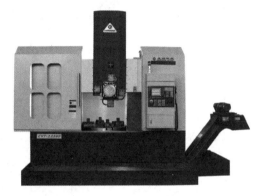

图 2-9　立式数控车床

（2）卧式数控车床

卧式数控车床又分为数控水平导轨卧式车床和数控倾斜导轨卧式车床。倾斜导轨结构可以使车床具有更大的刚性,并易于排除切屑,如图 2-10 所示。

(a) 水平导轨车床　　　　　　　　(b) 倾斜导轨车床

图 2-10　卧式数控车床

2）按功能分类

（1）经济型数控车床

采用步进电机和单片机对普通车床的进给系统进行改造后形成的简易型数控车床,成本较低,但自动化程度和功能比较差,车削加工精度也不高,适用于加工精度要求不高的回转类零件的车削加工,如图 2-11 所示。

(2)普通数控车床

根据车削加工要求,在结构上进行专门设计并配备通用数控系统而形成的数控车床,数控系统功能强,自动化程度和加工精度也比较高,适用于一般回转类零件的车削加工。这种数控车床可同时控制两个坐标轴,即 X 轴和 Z 轴,如图 2-12 所示。

图 2-11　经济型数控车床

图 2-12　普通数控车床

(3)车削加工中心

在普通数控车床的基础上,增加了 C 轴和动力头,更高级的数控车床带有刀库,可控制 X、Z 和 C 三个坐标轴,联动控制轴可以是(X、Z)、(X、C)或(Z、C)。由于增加了 C 轴和铣削动力头,这种数控车床的加工功能大大增强,除可以进行一般车削外,还可以进行径向和轴向铣削、曲面铣削、中心线不在零件回转中心的孔和径向孔的钻削等加工,如图 2-13 所示。

图 2-13　车削加工中心

3. 数控车床的保养要求

做好数控车床的日常维护和保养,降低数控车床的故障率,才能充分发挥数控车床的功效。一般情况下,数控车床的日常维护和保养是由操作人员进行的。数控车床经过长时间使用后都会出现零部件的损坏,但是及时开展有效的预防性维护,可以延长元器件的工作寿命,延长机械部件的磨损周期,防止恶性事故的发生,延长机床的工作时间。数控车床日常保养要求的主要内容如下。

(1)保持工作场地的清洁,使机床周围保持干燥,保持工作区域状态良好。

(2)保持机床清洁,每天开机前在教师的指导下对各运动副加油润滑,并使机床空运转3min 后,按说明调整机床。检查机床各部件手柄是否在正常位置。

(3)下班前按关闭程序关闭计算机,并切断电源。

(4)每天下班前 10min,关闭计算机,清洁机床,在教师的指导下对各运动副加润滑油,打扫实训工作环境,待教师检查合格后才可离岗。

数控车床的日常保养详细内容如表 2-1 所示。

表 2-1　数控车床的日常保养

序号	检查周期	检查部位	检 查 要 求
1	每天	导轨润滑	检查润滑油的油面、测量，及时添加油，润滑油泵能否定时启动、打油及停止，导轨各润滑点在打油时是否有润滑油流出
2	每天	X 轴、Z 轴	清除导轨面上的切屑、脏物，检查导轨润滑油是否充足，导轨面上有无划伤
3	每天	液压装置	压力表指示是否在所要求的范围内
4	每天	各种电气装置及散热通风装置	数控柜、机床电气柜正常，冷却风扇是否运转，风道过滤网无堵塞，主轴电机、伺服电机、冷却风道正常，恒温油箱、液压油的冷却散热片通风正常
5	每天	主轴箱润滑恒温油箱	恒温油箱正常工作，由主轴箱上的油标确定是否有润滑油，调节油箱制冷温度，测试是否能正常启动，制冷温度不要低于室温太多（相差1～5℃，否则主轴容易产生空气水分凝聚）
6	每天	主轴箱液压平衡系统	平衡油路无泄漏，平衡压力指示正常，主轴箱上、下快速移动时压力波动不大，油路补油机构动作正常
7	每天	数控系统及输入/输出	操作面板上的指示灯是否正常，各按钮开关是否处于正确位置。光电阅读机的清洁，机械结构润滑良好，快速穿孔机或程序服务器正常
8	每天	各防护装置	检查机床的防护门、电柜门是否关好，推拉是否灵敏
9	每天	主轴、滑板	是否有异常
10	每月	主轴	检查主轴的运转情况。主轴以最高转速一半左右的转速旋转 30min，用手触摸壳体部分，若感觉温和即为正常
11	每月	限位开关	检查 X、Z 轴的行程限位开关、各急停开关动作是否正常。可用手按压行程开关的滑动轮，若有起程报警显示，说明限位开关正常。同时清洁各接近开关
12	每月	滚珠丝杠	检查 X、Z 轴的滚珠丝杠。若有污垢，应清理干净；若表面干燥，应涂润滑脂
13	每月	刀架	检查回转刀架的润滑状态是否良好
14	每月	润滑装置	检查润滑油管是否损坏，管接头是否有松动、漏油现象，润滑泵的排油量是否符合要求
15	半年	主轴	检查主轴孔的振摆、编码盘用同步皮带的张力及磨损情况，主轴传动皮带的张力及磨损
16	半年	插头	检查各插头、插座、电缆、各继电器的触点是否接触良好，检测主电源变压器、各电机的绝缘电阻
17	每年	润滑油泵、过滤器等	清理润滑油箱池底，清洗更换滤油器
18	不定期	各轴导轨上镶条、压紧滚轮、丝杠	按机床说明书的规定进行调整
19	不定期	冷却水箱	检查水箱液面高度，冷却液装置是否工作正常，冷却液是否变质，经常清洗过滤器，疏通防护罩和床身上各回水通道，必要时更换并清理水箱底部
20	不定期	排屑	检查有无卡位现象，经常清理

任务实施

1. 制订日常保养计划

请参考数控车床日常保养表,通过查阅参考资料与小组讨论,制订数控车床日常保养计划。将具体保养项目与要求填入表2-2中。

表2-2　数控车床日常保养计划表

序号	保养周期	保养项目	保养要求	责任人
1	每天	导轨润滑		
2	每天	X 轴、Z 轴		
3	每天	液压装置		
4	每天	各种电气装置及散热通风装置		
5	每天	主轴箱润滑恒温油箱		
6	每天	主轴箱液压平衡系统		
7	每天	数控系统及输入/输出		
8	每天	各防护装置		
9	每天	主轴、滑板		

2. 数控车床日常保养实施

各小组按照保养计划完成数控车床的日常保养后,个人对本小组的保养实施情况进行自检并记录,小组长对其他小组的设备进行互检并记录,教师对所有小组的设备进行检查并记录,如表2-3所示。

表2-3　数控车床日常保养评价表

学习小组:＿＿＿＿＿　　　姓名:＿＿＿＿＿　　　评价日期:＿＿＿＿＿

序号	保养周期	保养项目	完成情况		
			个人自检	小组互检	教师检查
1	每天	导轨润滑	合格 □ 不合格 □	合格 □ 不合格 □	合格 □ 不合格 □
2	每天	X 轴、Z 轴	合格 □ 不合格 □	合格 □ 不合格 □	合格 □ 不合格 □
3	每天	液压装置	合格 □ 不合格 □	合格 □ 不合格 □	合格 □ 不合格 □
4	每天	各种电气装置及散热通风装置	合格 □ 不合格 □	合格 □ 不合格 □	合格 □ 不合格 □
5	每天	主轴箱润滑恒温油箱	合格 □ 不合格 □	合格 □ 不合格 □	合格 □ 不合格 □
6	每天	主轴箱液压平衡系统	合格 □ 不合格 □	合格 □ 不合格 □	合格 □ 不合格 □
7	每天	数控系统及输入/输出	合格 □ 不合格 □	合格 □ 不合格 □	合格 □ 不合格 □
8	每天	各防护装置	合格 □ 不合格 □	合格 □ 不合格 □	合格 □ 不合格 □
9	每天	主轴、滑板	合格 □ 不合格 □	合格 □ 不合格 □	合格 □ 不合格 □

学习评价

请根据本次任务学习过程中的实际情况,在表 2-4 中完成自我评价,小组及教师分别完成小组评价、教师评价。

表 2-4 学习评价表

学习小组:_____   姓名:_____   评价日期:_____

序号	项目	评 价	配分	个人自评	小组互评	教师评价
1	结构	正确表述数控车床的加工原理	5			
		正确描述数控车床的组成	5			
		正确判断数控车床的结构布局	5			
2	分类	能够按主轴位置进行分类	5			
		能够按加工零件进行分类	5			
		能够按刀架数量进行分类	5			
		能够按功能进行分类	5			
3	保养	能够明确保养要求	5			
		能够独立执行日常保养计划	10			
		设备的清扫、检查	10			
		对不符合的情况及时纠正	10			
4	素养	按 5S 要求规范着装	10			
		主动与其他同学进行沟通	5			
		精神饱满,有责任心及勤奋上进	5			
		有团队精神,互帮互助,积极参与 5S 活动	5			
		安全意识,爱护财产,不浪费资源	5			
合计			100			
教师评语						

练习与作业

1. 课堂练习

1)填空题

(1)数控车床的基本构成主要包括_____、数控装置_____、伺服系统、_____和_____。

(2)数控车床按车床主轴位置可分为_____和_____两种类型。

2)判断题

(1)由于数控车床的先进性,因此任何零件均适合在数控车床上加工。   (   )

(2)数控车床既可以自动加工也可以手动加工。   (   )

3）选择题

（1）数控车床的核心是（　　　）。

  A. 伺服系统　　　　　　　　　　B. 控制系统

  C. 反馈系统　　　　　　　　　　D. 检测系统

（2）数控车床与普通车床相比的优势是（　　　）。

  A. 加工精度高　　　　　　　　　B. 可实现自动加工

  C. 加工效率高　　　　　　　　　D. 方便手动加工

4）思考题

（1）数控车床的日常保养要求有哪些？

（2）数控车床如何进行分类？

2. 课后作业

请你结合本次任务的学习情况，在课后撰写学习报告，并上传至线上学习平台。学习报告内容要求如下。

（1）绘制一张本次任务所学知识和技能的思维导图。

（2）总结自己或者小组在学习过程中发现的问题以及解决方法。

（3）撰写学习心得与反思。

学习任务 **3**

录入程序

O0001；

N1 T0101；

N2 M03 S1000；

N3 M08；

N4 G00 X40 Z2；

N5 G01 Z0 F0.2；

N6 X42 Z-1；

N7 W-20；

N8 X52 Z-35；

N9 G00 X100 Z100 M09；

N10 M30；

数控车削程序

指令移
动轨迹
视频

学习内容

录入程序

1. 数控机床的坐标系

2. 绝对编程与增量编程

3. 直径编程与半径编程

4. 数控车床常用功能

5. 程序的结构与格式

6. 节点坐标值的计算

7. 数控车削程序的录入

8. 学习评价

9. 练习与作业

◇ **知识目标**

(1) 能够正确叙述数控车床的坐标系定义。

(2) 能够正确叙述绝对编程与相对编程的定义。

(3) 能够正确叙述直径编程与半径编程的定义。

(4) 能够正确叙述数控车削程序的结构组成。

◇ **技能目标**

(1) 能够计算出零件节点的坐标值。

(2) 能够区分程序段中各指令的功能。

(3) 能够独立完成一个完整程序的录入。

◇ **素质目标**

(1) 能够主动参与小组学习活动。

(2) 主动与组员针对学习问题进行交流与沟通,协助解决问题。

◇ **核心素养目标**

(1) 逐渐养成团结协作、共同学习的意识。

(2) 初步具备安全生产规则意识。

(扫描可观看)

车间程序员按既定的加工工艺编制了零件的车削加工程序,需要操作员把程序录入到数控车床系统中。为了保证程序录入的正确性,操作员必须了解程序的结构,清楚各程序指令的功能。现要求每位同学在 10min 内录入一个完整的数控车削程序至数控车床系统中。

1. 数控机床的坐标系

在加工零件时,数控车床的动作是由数控系统发出的指令来控制的。为了确定刀具或工件在数控车床中的相对位置、确定数控车床各运动部件的位置及其运动范围,就需要在数控车床上建立一个坐标系,即机床坐标系(machine coordinate system)。

1) 笛卡儿坐标系(cartesian coordinate system)

数控车床采用笛卡儿坐标系,由三个互相垂直的坐标轴 X、Y、Z 构成,用右手判别。其中,右手的拇指所指的方向为 $+X$,食指所指的方向为 $+Y$,中指所指的方向为 $+Z$,绕 X、Y、Z 三轴做回转运动的坐标轴分别为 A、B、C,它们的方向用右手螺旋法则判断,如图 3-1 所示。

以常用的卧式车床为例,依据右手笛卡儿直角坐标系,以机床主轴轴线方向为 Z 轴方向,刀具远离工件的方向为 Z 轴的正方向。X 轴位于与工件安装面相平行的水平面内,垂直于工件旋转轴线的方向,且刀具远离主轴轴线的方向为 X 轴的正方向,卧式车床坐标系如图 3-2 所示。

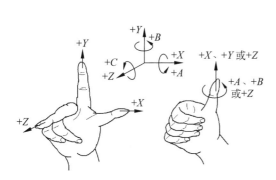

图 3-1　右手笛卡儿直角坐标系

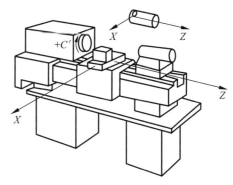

图 3-2　卧式车床坐标系

2）机床原点与参考点

机床原点为机床上的一个固定点。数控车床的机床原点一般定义在主轴前端法兰盘定位面的中心。

参考点也是机床上的一个固定点。该点的位置由 Z 向与 X 向机械挡块来确定。当进行回参考点的操作时,安装在纵向和横向滑板上的行程开关碰到相应的挡块后,由数控系统发出信号控制滑板停止运动,完成回参考点的操作。

3）工件坐标系(workpiece coordinate system)

在编制程序时,必须先设定工件坐标系,即确定刀具的刀位点在工件坐标系中的初始位置。工件坐标系的原点又称为程序的零点。因此,建立了工件坐标系,同时也就确定了对刀点与工件坐标系原点的相对距离。

4）机床坐标系与工件坐标系的关系

机床坐标系以机床原点为坐标系原点,是机床上的一个固定点,与加工程序无关,如图 3-3 中的 XO_1Z。

工件坐标系是编程员在编制程序时设定的,用来确定刀具和程序起点的相对位置。在编程中可根据需要改变工件坐标系原点。

在操作机床时,机床启动后,要先将机床位置"回零",即执行手动返回参考点,确定各坐标轴与机床原点的相对位置。

通过对刀操作建立工件坐标系,如图 3-4 中的 XO_3Z,确定工件坐标系与机床坐标的相对位置关系。

2. 绝对编程与增量编程

在编程时,表示刀具(或机床)运动位置的坐标值通常有两种方式:一种是绝对尺寸,另

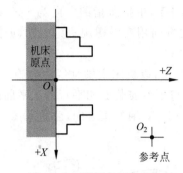

图 3-3　机床原点与参考点

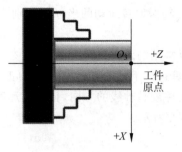

图 3-4　工件坐标系

一种是增量(相对)尺寸。

　　刀具(或机床)运动位置的坐标值是相对于固定的坐标原点给出的,即称为绝对坐标,采用字母 X、Z 表示。采用绝对尺寸进行编程的方法,称为绝对编程。

　　例如,在图 3-5 的坐标系 XOZ 中,采用绝对编程时,起点 A、终点 B 的坐标是相对固定的坐标原点 O 计算的,其绝对坐标值标记为 A 点($X30,Z100$),B 点($X70,Z40$)。

　　刀具(或机床)运动位置的坐标值是相对前一位置(或起点),而不是相对于固定的坐标原点给出的,称为增量(或相对)坐标,采用字母 U、W 分别表示 X 轴、Z 轴上的移动量。采用增量尺寸进行编程的方法,称为增量编程,或称为相对编程。

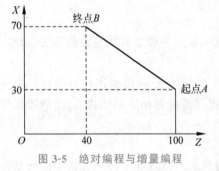

图 3-5　绝对编程与增量编程

　　例如,在图 3-5 中,采用增量编程时,终点 B 相对于起点 A 以增量值给定,其增量坐标值标记为 B 点($U40,W-60$)。

　　绝对编程和增量编程可在同一程序中混合使用,这样可以免去编程时一些尺寸值的计算,如图 3-5 所示,使用混合编程时,终点 B 的坐标标记为($X70,W-60$)。

3. 直径编程与半径编程

　　在数控车削编程中,X 坐标值有两种表达方法,即直径编程和半径编程。

　　直径编程时,采用绝对编程方式 X 值为零件的直径值,采用增量编程方式 X 值为刀具径向实际位移量的两倍。由于数控车床加工的零件都为回转体类零件,图样的标注及测量都为直径,所以大部分数控车削系统采用直径编程。FANUC 系统默认直径编程。

　　半径编程时,采用半径值编制程序,X 值为零件半径值或刀具实际位移量。

4. 数控车床常用功能

　　1) 准备功能

　　准备功能(preparatory function)是使机床或控制系统建立加工功能方式的命令,以大写字母 G 加上两位数字组成(G00～G99),故又称 G 代码、G 指令。G 代码分为模态 G 代码与非模态 G 代码两种类型。

　　模态 G 代码是一组可相互注销的 G 功能,这些功能一旦被执行,则一直有效,直到被同一组的模态 G 功能注销为止。

　　非模态 G 功能是只在所规定的程序段中有效,程序段结束时立即被注销。

　　数控车床常用的 G 代码及功能如表 3-1 所示。

表 3-1　常用 G 代码及功能

G 代码	功　　能	G 代码	功　　能
* G00	定位(快速移动)	G56	选择工件坐标系 3
G01	直线切削	G57	选择工件坐标系 4
G02	圆弧插补(CW,顺时针)	G58	选择工件坐标系 5
G03	圆弧插补(CCW,逆时针)	G59	选择工件坐标系 6
G04	暂停	G70	精加工循环
G18	Z、X 平面选择	G71	内、外圆粗车循环
G20	英制输入	G72	台阶粗车循环
G21	公制输入	G73	成形重复循环
G27	参考点返回检查	G74	Z 向端面钻孔循环
G28	参考点返回	G75	X 向外圆/内孔切槽循环
G30	回到第二参考点	G76	螺纹切削复合循环
G32	螺纹切削	G90	内、外圆固定切削循环
* G40	刀尖半径补偿取消	G92	螺纹固定切削循环
G41	刀尖半径左补偿	G94	端面固定切削循环
G42	刀尖半径右补偿	G96	恒线速度控制
G50	坐标系设定/恒线速度最高转速设定	* G97	恒线速度控制取消
* G54	选择工件坐标系 1	G98	每分钟进给
G55	选择工件坐标系 2	* G99	每转进给

注:带 * 者表示是开机时会初始化的代码。

　　2)辅助功能

　　辅助功能(miscellaneous function)是用来指定机床辅助动作的一种功能,又称为 M 代码,这类指令在运行时与机床操作的需要有关,如表示主轴的旋转方向、启动、停止、切削液的开关等功能。由大写字母 M 加两位数字组成,常用 M 代码及功能如表 3-2 所示。

表 3-2　常用 M 代码及功能

M 代码	功　　能	M 代码	功　　能
M00	程序暂停	M08	冷却液开
M02	程序结束	M09	冷却液关
M03	主轴正转	M30	程序结束并返回程序开头
M04	主轴反转	M98	子程序调用
M05	主轴停转	M99	子程序结束

　　3)F、S、T 功能

　　(1)F 功能

　　F 功能(feed function)用来指定加工时刀具的进给量,由大写字母 F 加数字组成。

　　当程序中指定每分钟进给 G98 指令时,单位为 mm/min;当程序中指定每转进给 G99

指令时,单位为 mm/r。

例:程序段 G98 F100,表示刀具以每分钟 100mm 的移动量切削。

程序段 G99 F0.1,表示主轴每转动一圈,刀具移动 0.1mm。

(2) S 功能

S 功能(speed function)用来指定主轴转速,用大写字母 S 加数字组成。

采用 G96 可设定恒线速度控制功能。当 G96 执行后,S 后面的数值表示切削速度的单位为 m/min。

例:程序段 G96 S100,表示切削速度为 100m/min。

恒线速度功能切削时,工件表面各加工点线速度相同,能得到较好的加工表面质量。一般圆弧、曲面加工采用此功能。

采用 G97 可取消 G96 的功能控制。执行 G97 后,S 后面的数值复位至系统默认状态,单位为 r/min,表示主轴每分钟的转速。系统开机状态默认为 G97 指令。

例:程序段 G97 S100,表示主轴以 100r/min 的速度旋转。

(3) T 功能

T 功能(tool function)用来控制数控系统进行选刀和换刀,用大写字母 T 加四位数字表示。

例:T0101 表示选择 01 号刀具及 01 号刀具补偿;T0200 中,02 表示选择 02 号刀具,00 表示取消 02 号刀具的补偿。

5. 程序的结构与格式

1) 程序结构

一个完整程序由程序号、程序内容和程序结束三部分组成,如表 3-3 所示。

表 3-3　程序的结构

程序内容	程序说明
O0001;	程序号
N1 T0101;	
N2 M03 S1000;	
N3 M08;	
N4 G00 X40 Z2;	
N5 G01 Z0 F0.2;	程序内容
N6 X42 Z-1;	
N7 W-20;	
N8 X52 Z-35;	
N9 G00 X100 Z100 M09;	
N10 M30;	程序结束

(1) 程序号

在数控装置存储器中通过程序号查找和调用程序。在 FANUC 系统中,由大写字母 O 和 1~9999 范围内的任意数字组成,如 O1234。

(2) 程序内容

程序内容主要用以控制数控车床自动完成零件的加工,是整个程序的主要部分,由若干个程序段组成。每个程序段由若干个程序字组成。每个字又由地址码和若干个数字组成。

（3）程序结束

程序结束一般用辅助功能代码 M02 或 M30 表示。

2）程序段格式

程序段格式是指一个程序段中的字、字符和数据的书写规则。一个程序段定义一行将由数控装置执行的指令。程序段中功能字的固定句法如图 3-6 所示。

N_	G_	X_Z_	F_	S_	T_	M_	;
顺序号	准备功能	尺寸字	进给功能	主轴速度功能	刀具功能	辅助功能	换行符

图 3-6　程序段的格式

3）程序字

一个程序字是由地址符（指令字符）和带符号（如定义尺寸的字）或不带符号（如准备功能字 G 代码）的数字组成的。程序段中不同的指令字符及其后续数值确定了每个程序字的含义。在数控程序段中包含的主要指令字符如表 3-4 所示。

表 3-4　指令字符一览表

功　能	地　址	意　义
程序号	O	程序号
顺序号	N	顺序号
准备功能	G	指定运动方式（直线、圆弧等）
尺寸字	X、Y、Z、U、V、W、A、B、C	坐标轴运动指令
	I、J、K	圆弧中心坐标
	R	圆弧半径
进给功能	F	每分钟进给速度，每转进给速度
主轴速度功能	S	主轴速度
刀具功能	T	刀具号
辅助功能	M	机床上的开/关控制
	B	工作台分度等
暂停	P、X、U	暂停时间
程序号指定	P	子程序号
重复次数	P	子程序重复次数
参数	P、Q	固定循环参数

 **任务实施**

1. 程序结构划分

请在表 3-5 中分别指出程序号、程序内容、程序结束等程序结构组成，并说明各部分的相关要求。

表 3-5　程序结构的划分

程　序	程 序 结 构	相 关 要 求
O3001；		
T0101；		
M03 S1000；		
G00 X50 Z3；		
G99 G90 X48 Z-50 F0.15；		
G00 X100 Z100；		
T0100；		
M05；		
M30；		

2. 认识程序段

请根据所学知识，对表 3-6 中的程序段内容进行识读，参考第一行的示例，将程序段中的各程序字填写在相对应的表格栏中。

表 3-6　认识程序段

程 序 段	顺序号	G 代码	X 轴地址	Z 轴地址	F 功能	S 功能	T 功能	M 功能	换行符号
N70 G00 X50 Z3 M08；	N70	G00	X50	Z3	无	无	无	M08	；
N80 G01 X48 Z0 F0.1；									
N90　　　X48 Z-35 S1000；									
N100 G00 X100 Z100 M05 T0100；									

3. 节点坐标值的计算

请识读图 3-7 阶梯轴零件图，假设刀尖当前位置在工件坐标系原点 O 处，完善表 3-7 中节点 C~F 的绝对坐标值和增量坐标值。

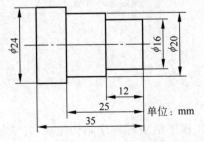 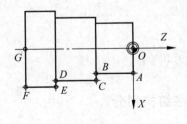

图 3-7　阶梯轴

表 3-7　阶梯轴节点计算

序号	节点	绝对坐标值(X,Z)	相对坐标值(U,W)
1	O	(0,0)	(0,0)
2	A	(16,0)	(16,0)
3	B	(16,-12)	(0,-12)
4	C		
5	D		
6	E		
7	F		

4. 程序录入

请独立完成表 3-8 中程序的录入,限时 10min。

程序录入方法:开机→选择"编辑方式"→按"程序"按钮→输入程序号 O3002→按"输入"键→依次输入各程序段……

表 3-8　程序录入内容

顺　序　号	程序内容
	O3002;
N10	G99 G00 X100 Z100 T0202;
N20	M03 S800;
N30	G00 X46 Z3;
N40	G71 U1.5 R0.5;
N50	G71 P60 Q160 U0.8 W0.2 F0.25;
N60	G00 X9.983;
N70	G01　　　　Z0 F0.1;
N80	G03 X19.983 Z-2 R5;
N90	G01　　　　Z-11;
N100	X23.8;
N110	X27.8　Z-13;
N120	Z-35;
N130	X28.017;
N140	Z-41;
N150	G02 X41.98 Z-48 R7;
N160	G01　　　　Z-63;
N170	G00 X100 Z100 M05;
N180	M00;
N190	T0101;
N200	M03 S1200;
N210	G00 X46 Z3 G42;
N220	G70 P60 Q160;
N230	G40 G00 X100 Z100 M05;
N240	M00;

续表

顺 序 号	程 序 内 容
N250	T0404;
N260	M03 S500;
N270	G00 X45 Z-62;
N280	G01 X0 F0.05;
N290	G00 X100;
N300	Z100 M05;
N310	T0100;
N320	M30;

 学习评价

请根据本次任务学习过程中的实际情况,在表 3-9 中完成自我评价,小组及教师分别完成小组评价、教师评价。

表 3-9　学习评价表

学习小组: _____　　　　姓名: _____　　　　评价日期: _____

评价人	评 价 内 容	评 价 等 级	情况说明
自我评价	能否按 5S 要求规范着装	能 □　不确定 □　不能 □	
	能否针对学习内容主动与其他同学进行沟通	能 □　不确定 □　不能 □	
	是否能完整叙述数控车床的各种坐标系含义	能 □　部分能 □　不能 □	
	是否能正确区分程序的结构组成	能 □　部分能 □　不能 □	
	能否正确识别程序段中各类功能字	能 □　部分能 □　不能 □	
	能否正确计算出阶梯轴零件的节点坐标值	能 □　部分能 □　不能 □	
	能在规定时间内完成程序的录入	能 □　部分能 □　不能 □	
小组评价	与小组其他组员的交流沟通情况	好 □　一般 □　差 □	
	与小组其他组员互相学习、共同监督情况	好 □　一般 □　差 □	
	协助成员解决学习问题情况	能 □　不能 □	
教师评价	学生个人在小组中的学习情况	积极 □　懒散 □	
	学习小组在学习活动中的表现情况	好 □　一般 □　差 □	

 练习与作业

1. 课堂练习

1)填空题

(1)数控车床采用_____坐标系对各轴进行定义。

(2)在编程与加工时,常采用_____坐标系。

(3)数控车床的机床坐标系原点通常设置在_____位置。

2)判断题

(1)编写数控车削程序时,可以采用绝对编程方式,也可采用相对编程方式,但绝对编

程方式与相对编程方式不能混合在同一程序段中。　　　　　　　　　　（　　）

（2）数控车床编程时,系统默认采用直径值进行编程。　　　　　　　（　　）

3）选择题

（1）常见数控车床的坐标轴是（　　）。

A. X、Y、Z　　　　　B. X、Y　　　　　C. Y、Z　　　　　D. X、Z

（2）下列指令属于准备功能的指令字是（　　）。

A. N100　　　　　B. G00　　　　　C. M00　　　　　D. S100

（3）下列指令属于辅助功能的指令字是（　　）。

A. N100　　　　　B. G00　　　　　C. M00　　　　　D. S100

（4）下列指令属丁转速功能的指令字是（　　）。

A. F100　　　　　B. S800　　　　　C. M00　　　　　D. T0100

（5）下列指令属于进给功能的指令字是（　　）。

A. F100　　　　　B. S800　　　　　C. M00　　　　　D. T0100

（6）下列指令属于刀具功能的指令字是（　　）。

A. F100　　　　　B. S800　　　　　C. M00　　　　　D. T0100

（7）下列程序段属于混合编程的是（　　）。

A. G00 X50 Z50　　　　　　　　B. G00 U50 W50

C. G00 U50 Z50　　　　　　　　D. G00 X50 W50

4）思考题

（1）采用笛卡儿坐标系如何确定数控车床的各轴及方向？

（2）绝对编程方式、增量编程方式、混合编程方式分别适用于哪些场合？

2. 课后作业

请你结合本次任务的学习情况,在课后撰写学习报告,并上传至线上学习平台。学习报告内容要求如下。

（1）绘制一张本次任务所学知识和技能的思维导图。

（2）总结自己或者小组在学习过程中出现的问题以及解决方法。

（3）撰写学习心得与反思。

学习任务 **4**

数控车床对刀操作

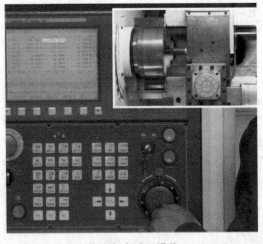

数控车床对刀操作

学习内容

数据车床对刀操作

1. 数控车床控制面板

2. 外圆刀的对刀操作

3. 切槽刀的对刀操作

4. 螺纹刀的对刀操作

5. 镗孔刀的对刀操作

6. 对刀结果的验证方法

7. 学习评价

8. 练习与作业

◇ **知识目标**

(1) 能够正确叙述数控车床控制面板中各按键的名称及功能。

(2) 能够正确叙述各种车刀的对刀操作要点。

(3) 能够正确叙述对刀操作的验证方法。

◇ **技能目标**

(1) 能够规范操作数控车床执行移动、转动、换刀等动作。

(2) 能够根据操作指引完成各种车刀的对刀操作练习。

(3) 能够自主判别各种车刀的对刀结果是否正确。

◇ **素质目标**

(1) 能够积极参与小组的对刀练习活动。

(2) 在组员练习对刀操作时,能在旁边观察、协助解决对刀操作出现的问题。

◇ **核心素养目标**

(1) 初步养成互相学习、共同进步的意识。

(2) 具备规范操作、安全生产的意识。

(扫描可观看)

　　生产车间有一批零件需要生产。工艺员负责制订零件的生产加工工艺,程序员依据加工工艺完成程序的编制,操作员已经把程序录入数控车床的数控系统中,接下来操作员需要完成安装毛坯与刀具、对刀操作等工作后,才能进行零件的加工生产。请同学们赶快去学习对刀操作的技能吧。

　　在操作数控车床前,为了保证安全、规范操作,必须先熟悉数控车床的控制面板。数控车床的控制面板分成系统面板和机床操作面板两部分。

1. 系统面板

　　系统面板由系统厂家生产制造,通常有横形和竖形两种布局,但同一系统的面板功能完全相同,如图 4-1 和图 4-2 所示。

　　数控系统面板布局如图 4-3 所示。

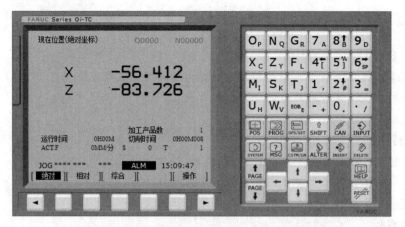

图 4-1   FANUC Series Oi-TC 系统面板(横形)

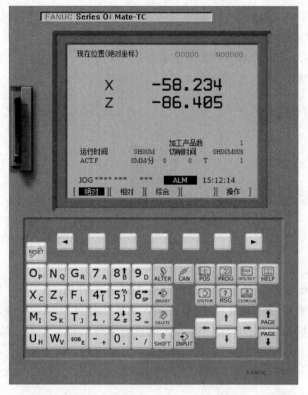

图 4-2   FANUC Series Oi Mate-TC 系统面板(竖形)

1) 键盘区

键盘区的按键按功能主要分成以下几种类型。

(1) 地址和数字键:用于输入字母、数字以及其他字符。

(2) 页面显示键:用于选择屏幕要显示的功能画面。

(3) 编辑键:用于输入字符的修改编辑。

(4) 翻页键:屏幕上、下翻页。

(5) 光标移动键:用于将光标朝各个方向移动。

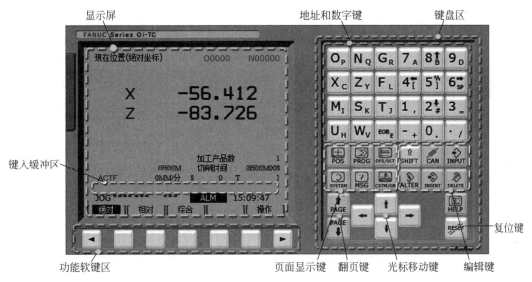

图 4-3　FANUC Series Oi-TC 系统面板布局

（6）复位键：复位。

系统面板各个按键的详细介绍如表 4-1 所示。

表 4-1　数控车床系统面板按键功能介绍

按键图标	英文及释义	名　称	功　能　说　明
1. 地址和数字键			
		地址键、数字键	按这些键可输入字母、数字以及其他字符
	end of block 程序段的结束	回车换行键	结束一行程序的输入并且换行
2. 页面显示键			
	Position 位置	位置显示页面	按此键显示位置页面，即不同坐标显示方式
	Program 程序	程序显示与编辑页面	按此键进入程序页面
	Offsets/Setup 偏置/设置	刀具参数设置页面	按此键显示刀补/设定（SETTING）页面及其他参数设置
	System 系统	系统参数页面	按此键显示参数画面
	Message 信息	信息页面	按此键显示信息页面
	Customer/Graph 用户/图形	图形参数设置页面	按此键显示用户宏页面（会话式宏画面）或图形显示画面

续表

按键图标	英文及释义	名　称	功　能　说　明
		3. 编辑键	
SHIFT	Shift 转换、换挡	换挡键	地址和数字键有两个字符,先按 Shift 键再按地址和数字键,可输入键面右下角的字符
CAN	Cancel 取消	取消键	按此键可删除键入缓冲器当前输入位置的最后一个字符或符号
INPUT	Input 输入	输入键	当按了地址键或数字键后,数据被输入到键入缓冲器,并在 CRT 屏幕上显示出来。为了把键入缓冲器中的数据复制到寄存器,按 INPUT 键。这个键相当于软键的"输入"键,按这两个键的结果是一样的
ALTER	Alter 改变、更改	修改键	把键入缓冲器的内容修改成光标所在的代码
INSERT	Insert 插入	插入键	把键入缓冲器的内容插入到光标所在代码后面
DELETE	Delete 删除	删除键	删除光标所在的代码
		4. 翻页键	
PAGE ↑ PAGE ↓	Page up/ Page down 翻页	翻页键	用于屏幕向上翻页; 用于屏幕向下翻页
		5. 光标移动键	
← ↑ ↓ →	—	光标移动键	用于将光标向上、向下、向左、向右移动
		6. 复位键	
RESET	Reset 重置	复位键	按一次该键,机床立即停止当前所有动作,回复初始状态

2) 功能软键区

在不同的功能画面中,软键对应的功能菜单均不相同。按功能菜单选项下方的软键,则该选项被选中执行。功能软键如图 4-4 所示。

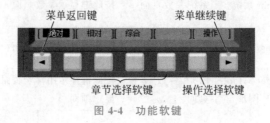

图 4-4　功能软键

功能软键的一般操作如下。

（1）在 MDI 面板上按功能键时，属于选择功能的软键出现。

（2）按其中一个选择软键，与所选的相对应的页面出现。如果目标的软键未显示，则按继续菜单键（下一个菜单键）。

（3）如需重新显示章节选择软键，按菜单返回键。

2. 机床操作面板

机床操作面板由机床生产厂家设计及制造，不同厂家的机床操作面板在布局上差异较大，但功能基本相同，如图 4-5 和图 4-6 所示。

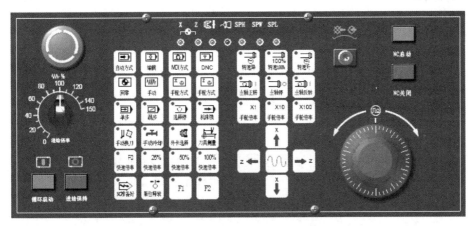

图 4-5　宝鸡机床厂机床操作面板

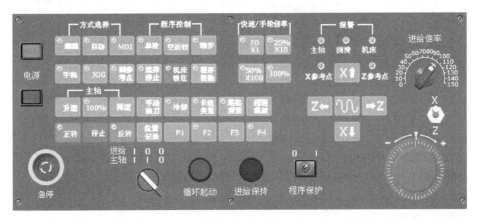

图 4-6　济南第一机床厂机床操作面板

机床操作面板位于窗口的下侧，主要用于控制机床运行状态，由模式选择按钮、运行控制开关等多个部分组成，如表 4-2 所示。

表 4-2　机床面板功能说明

图　标	名　称	功　能
	急停按钮	按下时紧急停车

图　标	名　称	功　能
	程序编辑锁开关	左：程序编辑功能锁定 右：程序编辑功能开 （需使用钥匙开启）
	进给速度(F)调节旋钮	调节程序运行中的进给速度，调节范围从0～120%
	主轴转速度调节旋钮	调节主轴转速，调节范围为50%～120%
	冷却液开关	手动方式开启冷却液、关闭冷却液
	刀位选择按钮	手动方式转换刀位
	手动主轴控制按钮	分别控制主轴正转、主轴停、主轴反转
	自动方式 AUTO	自动加工模式
	编辑方式 EDIT	编辑模式，用于直接通过操作面板输入数控程序和编辑程序
	录入方式 MDI	手动数据输入
	在线加工方式 DNC	用 CR232 电缆线连接 PC 和数控机床，选择程序传输加工
	回零方式 REF	回参考点
	手动方式 JOG	手动模式，手动连续移动台面和刀具
	手轮方式 HND	手轮模式移动台面或刀具
	单步运行	每按一次执行一条数控指令
	程序段跳读	自动方式按下此键，跳过程序段开头带有"/"的程序
	选择性停止	自动方式下按下此键，遇有 M01 程序暂停

续表

图　　标	名　　称	功　　能
机床锁	机床锁定开关	按下此键,机床各轴被锁住,只能程序运行
	程序运行开始	模式选择旋钮在 AUTO 和 MDI 位置时按下有效,其余时间按下无效
	程序暂停	在程序运行中,按下此按钮程序暂停运行
X↑ Z← 〰 →Z X↓	手动移动机床台面	用于手动方式下移动工作台面,按下中间按钮为快速移动
X1 手轮倍率　X10 手轮倍率　X100 手轮倍率	手轮倍率选择按钮	选择手轮移动机床轴时,手轮每转一个刻度的距离:×1 为 0.001mm,×10 为 0.01mm,×100 为 0.1mm,×1000 为 1mm
F0 快速倍率　25% 快速倍率　50% 快速倍率　100% 快速倍率	快速倍率调整	25%、50%、100%选择参数,设定最高快速移动速度的百分比,F0 为由参数设定的最低快速移动速度

1. 对刀操作准备工作

1) 回零

对刀前请确认已正确回零。回零操作步骤如表 4-3 所示。

表 4-3　机床回零操作

步骤	操 作 说 明	操 作 图 示
1	如刀架接近零点,请选择"手动方式",手动移动各轴向负方向离开零点	手动　Z← 〰　X↑
2	按 POS 键选择位置页面,按"回零"键	POS　回零
3	按"+X"键,使 X 轴执行回参考点动作,注意观察显示屏中 X 的坐标值,当数值停止变化且变成 0 时,则回零到位	X↓
4	按"+Z"键,使 Z 轴执行回参考点动作,注意观察显示屏中 Z 的坐标值,当数值停止变化且变成 0 时,则回零到位	→Z

2）设定转速

对刀前应先设定合适的主轴转速，操作步骤如表 4-4 所示。

表 4-4　主轴转速设定操作

步骤	操作说明	操作图示
1	选择"MDI 方式"，选择 PROG 程序页面，按功能区 MDI 软键	 MDI 软键
2	输入"M03 S500；"，按 INSERT 插入键	M03 S500 
3	按"循环启动"键，主轴以 500r/min 的速度旋转	

2. 对刀操作练习

请以小组为单位，参考以下外圆刀对刀操作指引、切槽刀对刀操作指引、螺纹刀对刀操作指引、镗孔刀对刀操作指引（表 4-5～表 4-8），成员轮流进行外圆刀、切槽刀、螺纹刀、镗孔刀的对刀操作及验证（表 4-9），并在表 4-10 中记录操作练习情况。

1）外圆刀对刀操作指引

假设外圆车刀安装在 1 号刀位。对刀操作步骤如表 4-5 所示。

表 4-5　外圆刀对刀操作

序号	操作说明	操作图示
1	选择"手动方式"，按"主轴正转"键	
2	选择"手轮方式"，刀尖接近工件	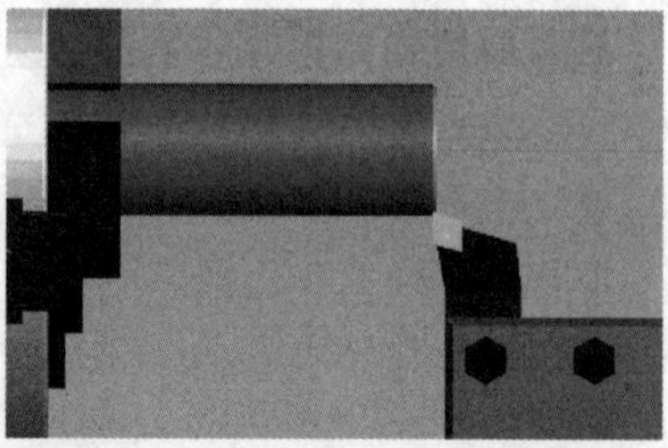
3	车工件右端面，刀留在原处不动	
4	按"刀补/设定"键	

续表

序号	操 作 说 明	操 作 图 示
5	按"补正"软键	
6	按"形状"软键	
7	依次按"刀补/设定"键、"补正"软键、"形状"软键，进入"刀具补正/几何"页面，在刀具对应的番号 G001 行输入 Z0，按"测量"软键	
8	车外圆柱	
9	往 Z 正方向退刀（X 方向禁止移动），停止主轴转动	
10	用游标卡尺测量上述车削的外圆柱直径，读数	
11	假设外圆柱的测量直径为 48.3mm。依次按"刀补/设定"键、"补正"软键、"形状"软键，进入"刀具补正/几何"页面，在刀具对应的番号 G001 行输入"X48.3"，按"测量"软键	

2）切槽刀对刀操作指引

假设切槽刀安装在 2 号刀位。对刀操作步骤如表 4-6 所示。

表 4-6　切槽刀对刀操作

序号	操 作 说 明	操 作 图 示
1	选择"手动方式"，按"主轴正转"	
2	选择"手轮方式"、倍率"×10"，移动刀具缓慢接近端面，当左刀尖接触端面时，停止操作使刀具留在原处	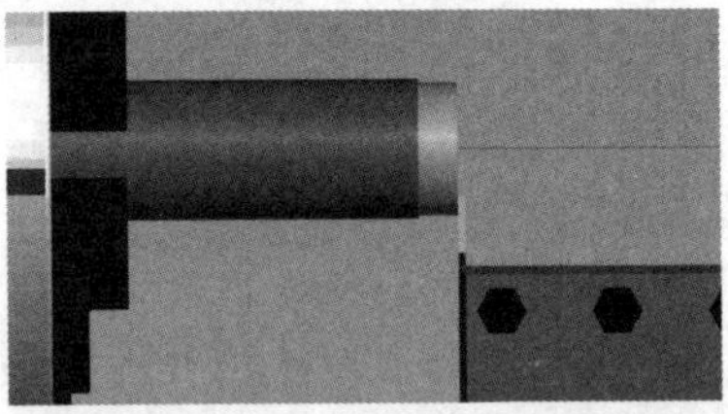
3	依次按"刀补/设定"键、"补正"软键、"形状"软键，进入"刀具补正/几何"页面，在刀具对应的番号 G002 行输入 Z0，按"测量"软键	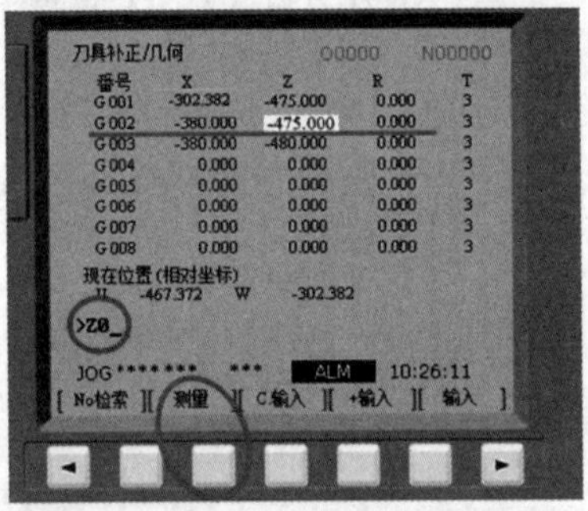
4	选择倍率"×10"，移动刀尖缓慢接近已车削外圆柱表面，当刀尖刚接触外圆柱表面时，停止操作使刀具停留在原处	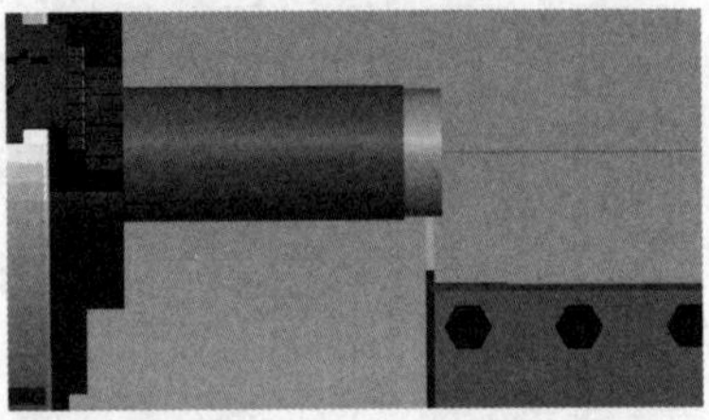
5	假设切槽刀接触的外圆柱直径为 48.3mm。依次按"刀补/设定"键、"补正"软键、"形状"软键，进入"刀具补正/几何"页面，在刀具对应的番号 G002 行输入"X48.3"，按"测量"软键	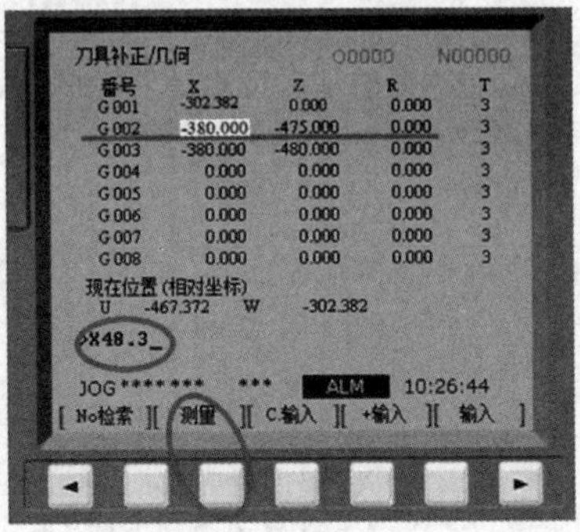

3）螺纹刀对刀操作指引

假设螺纹刀安装在 3 号刀位。对刀操作步骤如表 4-7 所示。

表 4-7　螺纹刀对刀操作

序号	操 作 说 明	操 作 图 示
1	选择"手动方式",按"主轴正转"	
2	选择"手轮方式"、倍率"×10",缓慢移动刀具接近工件端面,当刀尖刚好纵向对齐端面时,停止操作使刀尖停留在原处	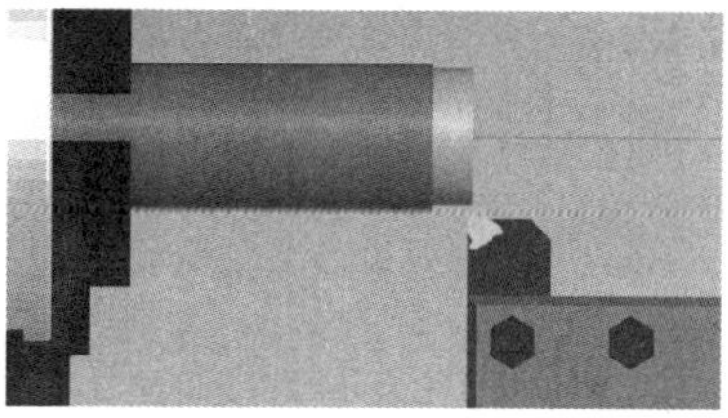
3	依次按"刀补/设定"键、"补正"软键、"形状"软键,进入"刀具补正/几何"页面,在刀具对应的番号 G003 行输入 Z0,按"测量"软键	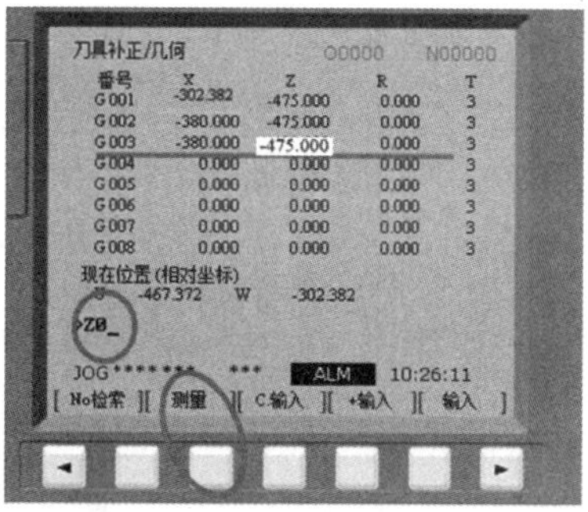
4	选择"手轮方式"、倍率"×10",移动刀尖缓慢接近外圆柱表面,当刀尖刚接触到外圆柱的表面时,停止操作使刀尖停留在原处	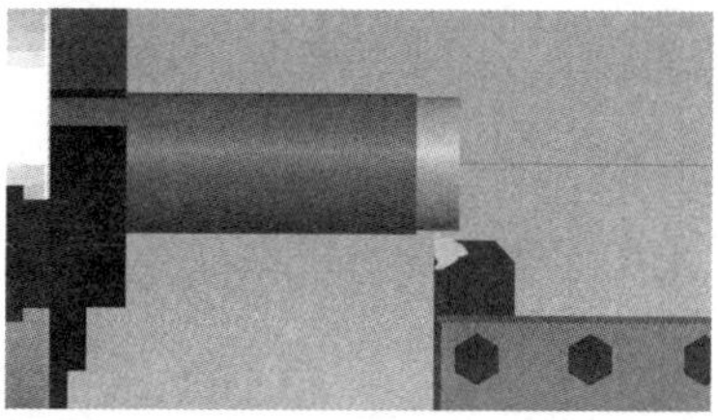
5	假设螺纹刀接触的外圆柱直径为 48.3mm。依次按"刀补/设定"键、"补正"软键、"形状"软键,进入"刀具补正/几何"页面,在刀具对应的番号 G003 行输入"X48.3",按"测量"软键	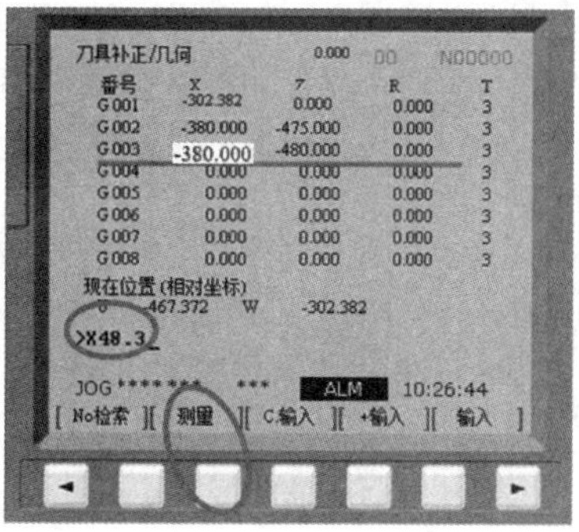

4）镗孔刀对刀操作指引

假设镗孔刀装在 4 号刀位。对刀操作步骤如表 4-8 所示。

表 4-8　镗孔刀对刀操作

序号	操作说明	操作图示
1	选择"手动方式",按"主轴正转"	
2	选择"手轮方式"、倍率"×10",移动刀尖缓慢接近端面,当刀尖刚碰到端面时,停止操作使刀尖停留在原处	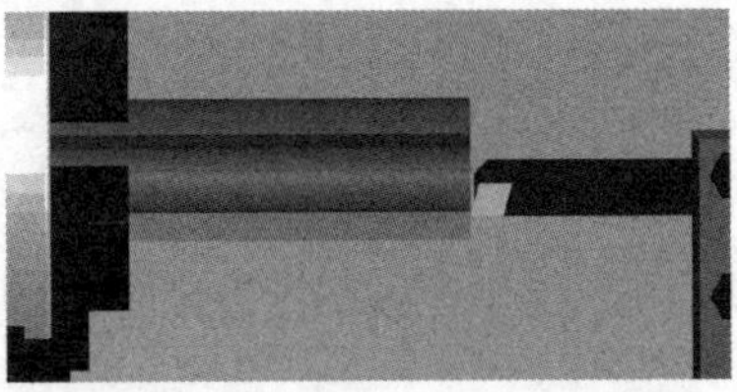
3	依次按"刀补/设定"键、"补正"软键、"形状"软键,进入"刀具补正/几何"页面,在刀具对应的番号 G004 行输入 Z0,按"测量"软键	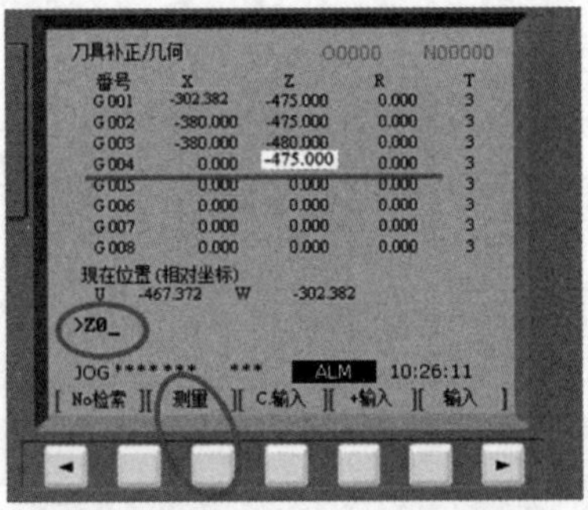
4	选择"手轮方式"、倍率"×10",移动刀尖车削内圆柱,切削深度 0.5mm 左右,切削长度约 5mm	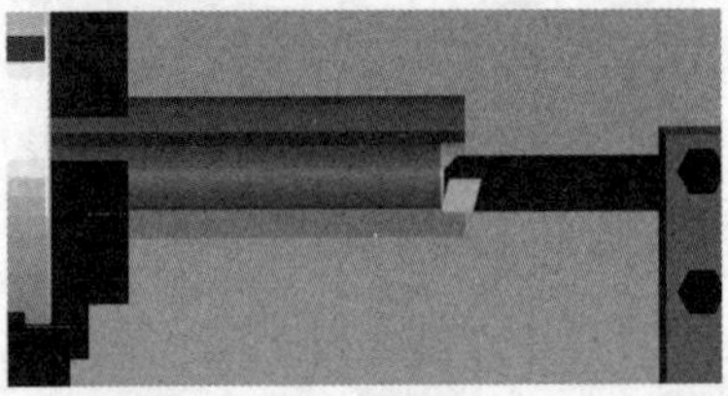
5	往 Z 正方向退刀(X 方向禁止移动),停止主轴转动	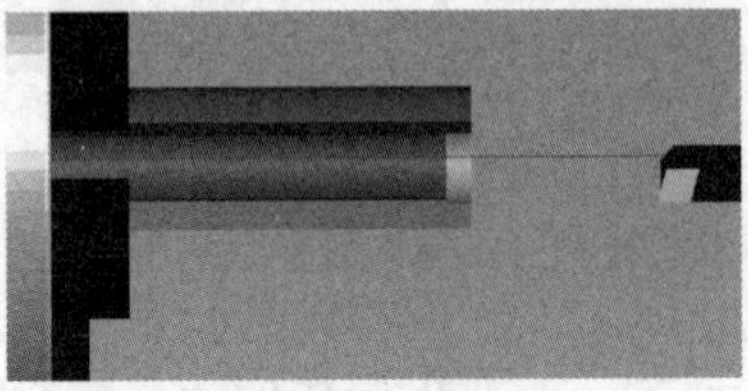
6	用游标卡尺测量已车削内圆柱的直径,记住读数	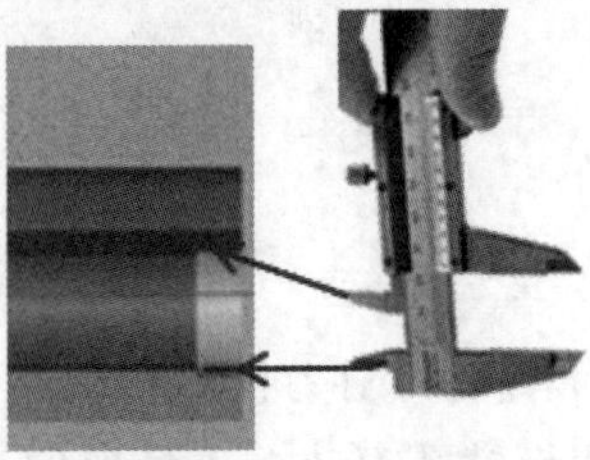

续表

序号	操　作　说　明	操　作　图　示
7	假设镗孔刀接触的内圆柱直径为48.3mm。依次按"刀补/设定"键、"补正"软键、"形状"软键,进入"刀具补正/几何"页面,在刀具对应的番号 G004 行输入"X48.3",按"测量"软键	

5) 对刀结果正确性验证

对刀结果验证操作步骤如表 4-9 所示。

表 4-9　对刀结果验证操作

序号	操　作　说　明	操　作　图　示
1	选择"手动方式",将刀架移动至安全位置,以免刀架转动时与其他部件发生干涉	
2	选择"MDI方式",按 PROG 键选择程序页面	
3	输入"T0101;"(验证 2 号刀则输入"T0202;"以此类推),按"循环启动"键	T0101
4	选择"手轮方式",按 POS 位置键,手轮移动刀尖到绝对坐标值 X100 与 Z0 处	

续表

序号	操作说明	操作图示
5	用钢直尺测量刀尖到工件中心的距离,查看数值是否为 50mm,如是,则证明 X 向的对刀结果正确,否则请重新进行对刀操作	
6	判断刀尖与工件右端面是否在同一平面内,如是,则证明 Z 向的对刀结果正确,否则请重新进行对刀操作	

对刀操作记录如表 4-10 所示,请填写。

表 4-10 对刀操作记录表

班级		组别		姓名	
对刀项目	是否重新装刀	刀位号	对刀操作时长	对刀验证结果	练习次数
外圆车刀					
切槽车刀					
螺纹车刀					
镗孔车刀					

 学习评价

请根据本次任务学习过程中的实际情况,在表 4-11 中完成自我评价,小组及教师分别完成小组评价、教师评价。

表 4-11 学习评价表

学习小组:_____   姓名:_____   评价日期:_____

评价人	评价内容	评价等级			情况说明
自我评价	能否按 5S 要求规范着装	能 □	不确定 □	不能 □	
	能否针对学习内容主动与组员进行沟通	能 □	不确定 □	不能 □	
	能否识别数控车床控制面板各按键的名称与功用	能 □	部分能 □	不能 □	
	能否识别数控车床操作面板各按钮的名称与功用	能 □	部分能 □	不能 □	
	能否规范操作数控车床进行移动、转动、换刀	能 □	部分能 □	不能 □	
	能否根据操作指引完成各种车刀的对刀操作	能 □	部分能 □	不能 □	
	能否自主判别对刀结果是否正确	能 □	部分能 □	不能 □	

续表

评价人	评 价 内 容	评 价 等 级	情况说明
小组评价	与小组其他组员的交流沟通情况	好 □　一般 □　差 □	
	与小组其他组员互相学习、共同监督情况	好 □　一般 □　差 □	
	协助成员解决学习问题情况	能 □　不能 □	
教师评价	学生个人在小组中的学习情况	积极 □　懒散 □	
	学习小组在学习活动中的表现情况	好 □　一般 □　差 □	

练习与作业

1. 课堂练习

1）填空题

（1）数控机床面板一般有_____和_____两种类型。

（2）系统面板通常有_____和_____布局。

（3）键盘区的按键按功能可分为_____、_____、_____、_____和_____五种类型。

（4）EOB 软键的英文全称是_____,表示_____的含义。

（5） 软键表示_____功能。

2）判断题

（1）按数控系统操作面板上的 RESET 键后就能消除报警信息。　　　　（　　）

（2）手轮每转一个刻度的距离:×1 为 0.01mm,×10 为 0.1mm。　　（　　）

（3）数控机床面板上 AUTO 是指自动。　　　　（　　）

3）选择题

（1）（　　）是数控机床上的一个固定基准点,一般位于各轴正向极限。

　　A. 刀具参考点　　　　B.工件零点　　　　C.机床参考点

（2）选择对刀点应选在零件的（　　）。

　　A. 设计基准上　　　　B.零件边缘上　　　　C.任意位置

（3）下列按键中,表示插入功能的是（　　）。

A. 　　B. 　　C. 　　D.

（4）下列按键中,表示删除功能的是（　　）。

A. 　　B. 　　C. 　　D.

（5）下列按键中,表示复位功能的是（　　）。

A. 　　B. 　　C. 　　D.

4）思考题

（1）每次启动系统后进行"回车床参考点"操作有何目的？

（2）简述切槽刀的对刀过程。

2. 课后作业

请你结合本次任务的学习情况，在课后撰写学习报告，并上传至线上学习平台。学习报告内容要求如下。

（1）绘制一张本次任务所学知识和技能的思维导图。

（2）总结自己或者小组在学习过程中出现的问题以及解决方法。

（3）撰写学习心得与反思。

第2篇

典型零件的数控车削加工

学习任务5　导柱的加工

学习任务6　固定顶尖的加工

学习任务7　手柄的加工

学习任务8　螺栓的加工

学习任务9　轴套的加工

学习任务10　滚轮的加工

导柱的加工

导柱实物图

导柱的
加工视频

学习内容

```
                        轴类零件的车削工艺
           1. 知识准备
                        常用编程指令G00、G01、G90

           2. 制订工艺路线

           3. 编写加工程序
  导
  柱
  的     4. 加工导柱零件
  加
  工     5. 学习评价

           6. 练习与作业

           7. 填写任务工单
```

学习目标

◇ **知识目标**

(1) 识读导柱的零件图样,清楚其加工要素。

(2) 知道轴类零件的加工工艺。

(3) 清楚 G00、G01、G90 指令的编程格式及指令用途。

◇ **技能目标**

(1) 能正确使用 G00、G01、G90 指令编写程序。

(2) 能根据零件的加工要求制订导柱的加工工艺。

（3）能在教师的指引下正确编写导柱的加工程序。

（4）能选择合适的刀具加工导柱零件。

（5）能正确选用量具测量导柱零件尺寸。

◇ **素质目标**

（1）能够制订自我学习计划。

（2）能够与小组同学团结协作完成学习任务。

（3）能够按 5S 要求做好物品的整理与清洁工作。

（4）能够做到安全文明生产。

◇ **核心素养目标**

（1）具备团队合作精神，积极参与小组讨论与学习。

（2）具备环保意识，学习过程中不浪费学习资源。

（3）具备良好的职业意识，能按照教师的要求，刻苦训练，按质、按时完成零件加工。

（4）对加工过程中产生的各类生产垃圾，能有效分类并按要求投放。

 课前思政小故事

（扫描可观看）

 任务描述

模具中的导柱是与组件配合使用以确保模具精准地定位、引导模具行程的导向元件，其结构为带肩的圆柱形，是典型的阶梯轴类零件。

现有企业订单，要求对导柱样件进行数控车削加工。零件图样如图 5-1 所示。

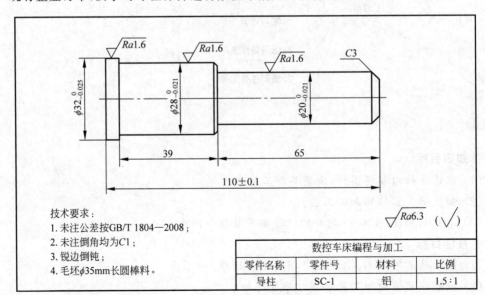

图 5-1　导柱零件图

任务分析

1. 制订工作计划

利用数控车削技能完成导柱的制作,分别需要完成选择毛坯材料,选取工具、量具、刀具,制订加工工艺,编写加工程序,加工零件,质量检测,5S现场作业,填写生产任务工单八项内容,请完善表5-1工作计划表中的相关内容。

表 5-1　导柱工作计划

姓名		工位号	
序号	任 务 内 容	计划用时	完成时间
1	选择毛坯材料		
2	选取工具、量具、刀具		
3	制订加工工艺		
4	编写加工程序		
5	加工零件		
6	质量检测		
7	5S 现场作业		
8	填写生产任务工单		

2. 选取加工设备及物料

请根据导柱的零件图及工作计划,选取加工导柱零件所需要的毛坯、数控设备、刀具、量具等,并填写在表5-2中。

表 5-2　加工导柱的设备及物料

序号	名　　称	规格型号	数　　量	备　　注

知识准备

1. 轴的作用与组成

轴是机器中最重要的零件之一,用来支承回转零件及传递运动和转矩。齿轮、带轮、链轮等零件都必须安装在轴上,才能进行确定的回转运动和传递动力。如图5-2所示,轴类零件一般由圆

图 5-2　轴类零件的结构

柱面、阶台、端面、退刀槽、倒角和圆弧等部分组成。

2．轴类零件加工工艺

1）工艺分析

工艺分析是数控车削加工的前期准备工作。对于数控车床加工的轴类零件,首要分析零件的结构工艺性、轮廓几何要素以及精度和技术要求。

（1）结构工艺性分析

轴类零件的结构工艺性是指零件对加工方法的适应性。对于刀具运动空间小、刚性差的零件,安排工序时要考虑刀具路径、刀具类型、刀具角度、切削用量、装夹方式等因素,以降低刀具损耗、提高加工精度、表面质量和生产率。

（2）轮廓几何要素分析

在分析轴类零件的轮廓几何要素时,运用制图知识分析零件图中给定的定形尺寸、定位尺寸,确定几何元素(直线、圆弧、曲线等)之间的相对位置关系。

（3）精度和技术要求分析

① 分析精度及各项技术要求是否合理。

② 分析本工序采用数控车削加工精度能否达到图样要求。

③ 对于图样上有位置精度要求的表面,尽可能在一次装夹下完成加工。

④ 对于表面粗糙度要求较高的表面,应采用恒线速度功能加工。

2）工序划分与工序安排

机械加工的工序划分通常采用工序集中原则和工序分散原则。

在数控车床上加工轴类零件,通常按工序集中原则进行划分,在一次装夹下尽可能完成较多的加工内容。这样不仅可以保证各个表面之间的位置精度,还可以减少装夹工件的辅助时间,从而提高生产效率。

（1）工序划分

常见数控车削加工轴类零件进行工序划分的方法如下。

① 按安装次数划分工序。即以每次装夹作为一道工序,适用于加工内容较少的零件。

② 按所用刀具划分工序。即同一把刀或同一类刀具加工完成零件上所用需要加工的部位。以节省时间、提高生产效率为目的。

③ 按加工部位划分工序。按零件的结构特点分成几个加工部位,每个部位作为一道工序。

④ 按粗、精加工划分工序。对于精度要求较高的零件常采用此种方法。

（2）工序安排

机械加工工序顺序的安排一般遵循以下原则。

① 上道工序的加工不能影响下道工序的定位与装夹。

② 按所用刀具划分工序,最好连续进行,以减少重新定位所引起的误差。

③ 在一次装夹中,应先加工对工件刚性影响较小的工序,确保工件在足够刚性条件下逐步完成加工。

3）走刀路线的确定

（1）设计退刀路线时遵循的原则

① 确保安全性,即在退刀过程中不与工件发生碰撞。

② 退刀路线最短,即缩短空行程,提高生产效率。

（2）数控车削常见的退刀路线

① 斜向退刀路线。斜向退刀路线行程最短,适用于加工外圆表面的退刀,如图 5-3（a）所示。

② 径、轴向退刀路线。径、轴向退刀路线是指刀具先沿径向垂直退刀,到达指定位置时再轴向退刀,如图 5-3（b）所示。

③ 轴、径向退刀路线。轴、径向退刀路线是指刀具先沿轴向退刀,到达指定位置时再径向退刀,如图 5-3（c）所示。

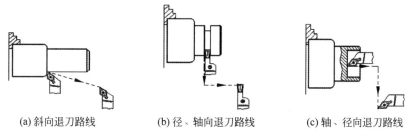

(a)斜向退刀路线   (b)径、轴向退刀路线   (c)轴、径向退刀路线

图 5-3 数控车削退刀路线图

4）设置换刀点

换刀点是数控加工过程中必须考虑的问题之一,在编制数控加工程序时应遵循的两个原则如下。

（1）确保换刀时刀具不与工件发生碰撞。

（2）力求最短的换刀路线,即所谓的"跟随式换刀"。

3. 常用编程指令

1）快速定位指令 G00

G00 指令是以点定位控制方式从刀具所在点快速移动到下一个目标位置。

（1）指令格式

```
G00 X(U)__ Z(W)__ ;
```

其中,X、Z 为刀具目标点绝对坐标值；U、W 为刀具坐标点相对于起始点的增量坐标值,不运动的坐标可以不写。

（2）指令说明

① G00 只是快速定位,无运动轨迹要求,且无切削加工过程,一般用于加工前的快速定位或加工后的快速退刀。

② G00 为模态指令,可由 G01、G02、G03 或 G33 功能注销。

③ G00 速度由机床系统参数预先设置,速度大小可用机床控制面板上的快速进给倍率开关调节。

④ G00 的执行过程是刀具由程序起始点加速到最大速度,然后快速移动,最后减速到终点,实现快速定位。

⑤ G00 的实际运动轨迹不一定是直线,使用时应注意刀具不能与工件发生干涉。

⑥ 在同一程序段中,绝对坐标指令和相对坐标指令可以混用。

（3）走刀轨迹

指令在运行时先按快速进给将两轴(X、Z)同量同步做斜线运行,先走完较短的轴,再走完较长的另一轴(所以实际运动更多的是折线),如图 5-4 所示。

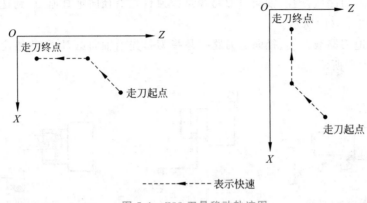

图 5-4　G00 刀具移动轨迹图

（4）编程实例

如图 5-5 所示,刀具快速从点 A 移动到点 B 的编程方式如下。

① 绝对坐标编程方式：G00 X18 Z2；。

② 相对坐标编程方式：G00 U-62 W-58；。

③ 混合坐标编程方式：G00 U-62 Z2；或 G00 X18 W-58；。

2）直线插补指令 G01

G01 指令是直线运动命令,规定刀具在两坐标或三坐标可以插补联动方式按指定的进给速度做任意的直线运动。车削中常见的零件直线轮廓有外圆、内孔、锥面、切槽和端面等。

（1）指令格式

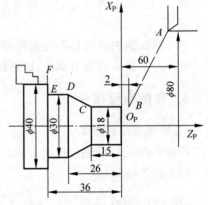

图 5-5　刀具移动轨迹示意图

```
G01 X(U)_ Z(W)_ F_;
```

其中,X、Z 为刀具目标点绝对坐标值；U、W 为刀具坐标点相对于起始点的增量坐标值,不运动的坐标可以不写；F 为进给速度。

（2）指令说明

① G01 程序中必须有 F 指令,进给速度由 F 指令决定。F 指令也是模态指令,可由 G00 指令取消。

② G01 为模态指令,可由 G01、G02、G03 或 G33 功能注销。

③ 如果在 G01 程序段之前的程序中没有 F 指令,且现在的 G01 程序段中也没有 F 指令,则机床不运动。

④ 程序段中的 F 指令进给速度在没有新的 F 指令以前一直有效,不必在每个程序段中都编入 F 指令。

（3）走刀轨迹

走刀轨迹如图 5-6 所示。

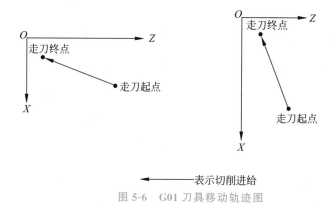

表示切削进给

图 5-6 G01 刀具移动轨迹图

（4）编程实例

如图 5-6 所示，用 G01 编写 $A{\rightarrow}B{\rightarrow}C{\rightarrow}D{\rightarrow}E{\rightarrow}F$ 的刀具运动轨迹。

① 绝对坐标值编程方式

```
G01 X18 Z2 F0.1;            //A－B
G01 X18 Z－15;              //B－C
G01 X30 Z－26;             //C－D
G01 X30 Z－36;             //D－E
G01 X42 Z－36;             //E－F
```

② 相对坐标值编程方式

```
G01 U－62 W－58 F0.1;       //A－B
G01 W－17;                 //B－C
G01 U12 W－11;             //C－D
G01 W－10;                 //D－E
G01 U12;                   //E－F
```

（5）G01 指令倒角、倒圆功能介绍

倒角控制功能可以在两相邻轨迹之间自动插补直线倒角或圆弧倒角。

① 直线倒角（图 5-7(a)）

指令格式：

```
G01 X(U)_ Z(W)_ F_, C_;
```

其中，X、Z 为与倒角相邻直线 AD 和 DF 交点 D 的绝对坐标；U、W 为 D 点相对倒角起始线 AB 的起点 A 的增量坐标；C 为 D 点相对倒角起点 B 的距离。

② 圆弧倒角（图 5-7(b)）

指令格式：

```
G01 X(U)_ Z(W)_ F_, R_;
```

其中，X、Z 为与倒角相邻直线 AD 和 DF 交点 D 的绝对坐标；U、W 为 D 点相对倒角起始线 AB 的起点 A 的增量坐标；R 为倒圆的圆弧半径。

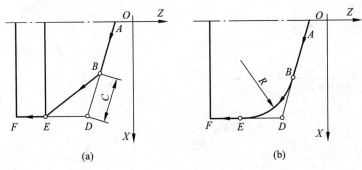

图 5-7　G01 倒角、倒圆

③ 编程实例

用 G01 倒角功能对零件进行倒角和倒圆程序的编写。

直线倒角的编程如图 5-8 所示。绝对坐标值编程方式如下。

```
G01 X30 F0.1;
G01 Z-20;
G01 X50,C2;
G01 Z-40;
```

相对坐标值编程方式如下。

```
G01 X30 F0.1;
G01 W-20;
G01 U20,C2;
G01 W-20;
```

圆弧倒角的编程如图 5-9 所示。绝对坐标值编程方式如下。

```
G01 X30 F0.1;
G01 Z-20,R4;
G01 X50,R2;
G01 Z-40;
```

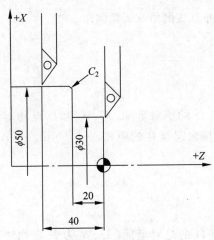

图 5-8　直线倒角实例介绍

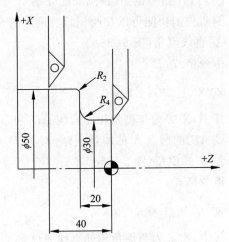

图 5-9　圆弧倒角编程实例

相对坐标值编程方式如下。

```
G01 X30.0 F0.1;
G01 W－20.0, R4;
G01 U20.0, R2;
G01 W－20.0;
```

3）内、外径车削循环指令 G90

对于切削量较大的轴套类零件，粗车加工时，同一加工路线要反复切削多次，此时要利用轴向切削单一固定循环指令 G90。用同一个程序段，只需改变数值，就可以完成多个程序段指令才能完成的加工路线。这对于简化程序非常重要。

（1）指令格式

```
G90 X(U)_ Z(W)_ F_;
```

其中，X、Z 为刀具目标点绝对坐标值；U、W 为刀具坐标点相对于起始点的增量坐标值；F 为循环切削过程中的进给速度。

（2）指令说明

① G90 可用来车削外径，也可用来车削内径。

② G90 是模态代码，可以被同组的其他代码（G00、G01 等）取代。

③ G90 常用于长轴类零件切削（X 向切削半径小于 Z 向切削长度）。

（3）走刀轨迹

① 圆柱面切削循环的执行过程、走刀轨迹如图 5-10 所示。刀具从循环点开始以 G00 方式径向移动至指令中的切削终点 X 坐标点处（线段 1R），再以 G01 的方式沿轴向切削进给至切削终点坐标点处（线段 2F），然后退至循环点 X 坐标点处（线段 3F），最后以 G00 方式返回循环点处（线段 4R），准备下一个动作。

② G90 指令与简单的编程指令（如 G00/G01）相比，即将 1(R)、2(F)、3(F)、4(R) 四条线的指令组合成一条指令进行编程，从而达到简化程序的目的。

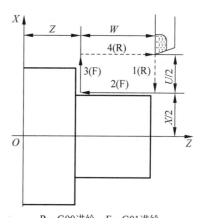

R—G00进给；F—G01进给

图 5-10 G90 刀具移动轨迹图

（4）编程实例

编写零件的加工程序，如图 5-11 所示，毛坯棒料为 $\phi45\mathrm{mm}\times80\mathrm{mm}$。

```
O1001;
G00 X100 Z100 T0101;
M03 S800;
G00 X46 Z2;
G90 X43 Z－64 F0.1;
    X40;
    X37;
    X36;
G00 X100 Z50 M05;
M30;
```

（5）G90 指令车削圆锥功能介绍

① 指令格式：

G90 X(U)__ Z(W)__ R__ F__;

其中，X、Z 为刀具目标点绝对坐标值；U、W 为刀具坐标点相对于起始点的增量坐标值；F 为循环切削过程中的进给速度；R 表示圆锥体大小端的差，即 R 切削起点与切削终点在 X 轴上的绝对坐标的差值（半径值）。

② 指令说明：圆锥面切削循环的执行过程、刀具移动轨迹如图 5-12 所示。刀具从循环点开始以 G00 方式径向移动至指令中的切削终点 X 坐标点处（线段 1R），再以 G01 的方式沿轴向切削进给至切削终点坐标点处（线段 2F），然后退至循环点 X 坐标点处（线段 3F），最后以 G00 方式返回循环点处（线段 4R），准备下一个动作。

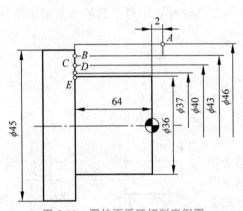

图 5-11　圆柱面循环切削实例图

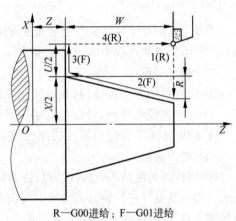

R—G00进给；F—G01进给

图 5-12　刀具移动轨迹图

③ 编程实例

编写零件的加工程序，如图 5-13 所示，毛坯棒料为 $\phi65\text{mm}\times60\text{mm}$。

```
O1002;
G00 X100 Z100 T0101;
M03 S800;
G00 X66 Z0;
G90 X64 Z－40 R－10 F0.1;
    X62;
    X58;
    X54;
    X50;
G00 X100 Z100 M05;
M30;
```

图 5-13　圆锥面循环切削实例

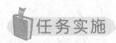任务实施

1. 识读零件图样

1）图样分析

由图 5-1 可知，导柱零件需要车削 $\phi20\text{mm}$、$\phi28\text{mm}$ 和 $\phi32\text{mm}$ 的外圆柱面及 C1、C3 倒

角两处,其外圆柱面的表面粗糙度均为 $Ra1.6\mu m$,同时需要保证长度尺寸 65mm、39mm 和(110±0.1)mm。总之,导柱零件结构简单,但尺寸精度和表面粗糙度要求较高。

2) 确定工件毛坯

根据图 5-1 可知,毛坯材料为铝材。工件各台阶之间直径相差较小,毛坯可采用棒料,下料后便可加工,规格为 $\phi35$mm 长圆棒料。

2. 制订工艺路线

请根据零件的加工要求,分别从表 5-3 中选择零件的工艺简图,从表 5-4 中选择零件的工步内容,按正确的顺序将其填写在表 5-5 零件的加工工艺中,并从附录 A 和附录 B 中选择合适的刀具、量具,参考附录 C 垃圾分类操作指引,完善表 5-5 中的其他内容。

表 5-3　导柱的工艺简图

序号	工艺简图	序号	工艺简图
1		4	
2		5	
3		6	

表 5-4　导柱的工步内容

序号	工步内容
1	粗车 $C3$ 倒角
2	粗车 $\phi20$mm、$\phi28$mm 和 $\phi32$mm 外圆
3	掉头车工件左端面并保证总长
4	车工件右端面
5	切断
6	精车 $\phi20$mm、$\phi28$mm 和 $\phi32$mm 外圆，$C3$ 与 $C1$ 倒角至公差尺寸要求

表 5-5　_____零件的加工工艺

工艺序号	工艺简图序号	工步内容序号	加工刀具	使用量具	将产生的生产垃圾	垃圾分类

3. 编写程序

1）填写工艺卡片和刀具卡片

综合以上分析的各项内容，填写数控加工工艺卡片表 5-6 和刀具卡片表 5-7。

表 5-6　导柱的数控加工工艺卡片

单位名称				产品型号					
				产品名称			导柱		
零件号	SC-1	材料型号	铝	毛坯规格	棒料 $\phi35$mm 圆棒料			设备型号	
工序号	工序名称	工步号	工步内容	切削参数			刀具准备		
				$n/(\mathrm{r/min})$	a_p/mm	$v_\mathrm{f}/(\mathrm{mm/r})$	刀具类型		刀位号
1	备料		$\phi35$mm 长圆棒料						
2	车	1	车工件右端面	800		手轮控制	45°端面车刀		T03
		2	粗车 $\phi20$mm、$\phi28$mm 和 $\phi32$mm 外圆	800	1	0.2	90°外圆粗车刀		T02
		3	粗车 $C3$ 倒角	800	3	0.2	90°外圆粗车刀		T02
		4	精车 $\phi20$mm、$\phi28$mm 和 $\phi32$mm 外圆，$C3$ 与 $C1$ 倒角至公差尺寸要求	1200	0.5	0.1	90°外圆精车刀		T01
		5	切断	500	4	手轮控制	4mm 切断刀		T03
3	车		掉头车工件左端面并保证总长	800		手轮控制	45°端面车刀		T04

表 5-7　数控加工刀具卡片

产品名称或代号				零件名称	导柱	零件图号	SC-1
序号	刀具号	偏置号	刀具名称及规格	材质	数量	刀尖半径	假想刀尖
1	01	01	90°右偏外圆车刀	硬质合金	1	0.4	
2	02	02	90°右偏外圆车刀	硬质合金	1	0.8	
3	03	03	4mm切断车刀	硬质合金	1		
4	04	04	45°端面车刀	硬质合金	1		

2）编写导柱的加工程序

以沈阳数控车床 CAK4085（FANUC Series Oi Mate-TC 系统）为例，编写加工程序，如表 5-8 所示。

表 5-8　导柱加工程序卡片

编程思路说明	顺序号	程 序 内 容
程序号		O1003;
调用2号粗车外圆车刀及2号刀补,快速定位至安全区域	N10	G99 G00 X100 Z100 T0202;
主轴正转启动	N20	M03 S800;
快速接近循环点	N30	G00 X35 Z3;
粗车 ϕ32mm外圆,留0.5mm精车余量	N40	G90 X32.5 Z-115 F0.2;
粗车 ϕ28mm外圆,留0.5mm精车余量	N50	G90 X30.5 Z-104;
	N60	X28.5
粗车 ϕ20mm外圆,留0.5mm精车余量	N70	G90 X26.5 Z-65;
	N80	X24.5;
	N90	X22.5;
	N100	X20.5;
粗车 C3 倒角,留0.5mm精车余量	N110	G00 X21 Z3;
	N120	G01 X14.5;
	N130	Z0;
	N140	G01 X20.5 Z-3;
快速退刀至安全区域,主轴停止	N150	G00 X100 Z100 M05;
程序暂停	N160	M00;
调用1号精车外圆车刀具及1号刀补	N170	T0101;
主轴正转,精车转速	N180	M03 S1200;
快速接近工件	N190	G00 X35 Z3;
靠近工件端面	N200	X14;
	N210	G01 Z0 F0.1;
C3 倒角	N220	X20 Z-3;
精车 ϕ20mm外圆	N230	Z-65;
C1 倒角	N240	X28 C1;
精车 ϕ28mm外圆	N250	Z-104;
精车 ϕ32mm外圆	N260	X32;
	N270	Z-115;
X 轴退刀	N280	X35;
快速退刀至安全区域,主轴停止	N290	G00 X100 Z100 M05;
程序结束	N300	M30;

4. 加工导柱

导柱加工过程如表 5-9 所示。

表 5-9　导柱的加工过程

序号	加工步骤	工艺简图	使用刀具	使用量具	加工方式	操作要点	本环节产生的生产垃圾	垃圾分类处理
1	备料：φ35mm 长圆棒料	φ35	—	（钢直尺）	—	—	（手套）	其他垃圾
2	车右端面	120，φ35，三爪卡盘卡爪	（车刀）	—	手动	夹持毛坯外圆，伸出长度 120mm，车右端面		
3	粗车 φ20mm、φ28mm 和 φ32mm 外圆	φ20.5，φ28.5，φ32.5，65，39，11，三爪卡盘卡爪	（车刀）	（游标卡尺）	自动	游标卡尺检测各外圆是否有 0.5mm 余量	铝屑	可回收物
4	粗车 C3 倒角	C3，三爪卡盘卡爪				保证有 0.5mm 余量		

续表

序号	加工步骤	工艺简图	使用刀具	使用量具	加工方式	操作要点	本环节产生的生产垃圾	垃圾分类处理
5	精车 φ20mm、φ28mm 和 φ32mm 外圆，C3 与 C1 倒角至公差尺寸要求	C3；φ20$_{-0.021}^{0}$；65；C1；φ28$_{-0.021}^{0}$；39；11；φ32$_{-0.025}^{0}$；三爪卡盘卡爪			自动	外径千分尺检测 φ20mm、φ28mm 和 φ32mm 外圆，如尺寸偏大，则应在刀具补偿处把多余的直径余量减去后，再次精车，直至符合尺寸要求	铝屑	可回收物
6	切断	110.5；三爪卡盘卡爪			手动	关闭机床防护门，匀速摇动机床手轮切断工件		
7	掉头车工件左端面并保证总长	三爪卡盘卡爪；110±0.1		—		测量 φ32 外圆的两端面长度是否为 6mm，可间接保障总长（110±0.1）mm		
8	设备保养	—			—	整理工作台物品，清洁机床并上油保养，清扫实训场地		有害垃圾

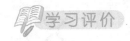

1. 学习过程评价

请你根据本次任务学习过程中的实际情况,在表 5-10 中对自己及学习小组进行评价。

表 5-10　学习过程评价表

学习小组:＿＿＿＿＿　　　　姓名:＿＿＿＿＿　　　　评价日期:＿＿＿＿＿

评价人	评 价 内 容	评 价 等 级	情况说明
自我评价	能否按 5S 要求规范着装	能 □　不确定 □　不能 □	
	能否针对学习内容主动与其他同学进行沟通	能 □　不确定 □　不能 □	
	是否能叙述导柱零件的加工工艺过程	能 □　不确定 □　不能 □	
	能否正确编写导柱零件的加工程序	能 □　不确定 □　不能 □	
	能否规范使用工具、量具、刀具加工零件	能 □　不确定 □　不能 □	
	你自己加工的导柱零件的完成情况如何	按图纸要求完成 □　基本完成 □　没有完成 □	
	能否独立且正确检测零件尺寸	能 □　不确定 □　不能 □	
小组评价	小组所使用的工具、量具、刀具能否按 5S 要求摆放	能 □　不确定 □　不能 □	
	小组组员之间团结协作、沟通情况如何	好 □　一般 □　差 □	
	小组所有成员是否都完成导柱的加工	能 □　不能 □	
教师评价	学生个人在小组中的学习情况	积极 □　懒散 □　技术强 □　技术一般 □	
	学习小组在学习活动中的表现情况	好 □　一般 □　差 □	

2. 专业技能评价

请参照零件图 5-2,使用游标卡尺、千分尺等量具,分别对自己与组员加工的导柱零件进行检测,把检测结果填写在表 5-11 中。

表 5-11　导柱零件质量检测表

序号	检测项目	配分	评分标准	自检结果	得分	互检结果	得分
1	$\phi 32_{-0.025}^{0}$ mm	15	符合要求得分				
2	$\phi 28_{-0.021}^{0}$ mm	15	符合要求得分				
3	$\phi 20_{-0.021}^{0}$ mm	15	符合要求得分				
4	65mm	8	符合要求得分				
5	39mm	8	符合要求得分				
6	(100 ± 0.1)mm	15	符合要求得分				
7	C3 倒角 1 处	6	符合要求得分				
8	C1 倒角 1 处	6	符合要求得分				
9	$Ra1.6\mu m$ 3 处	12	每处降一级扣 2 分				
	合　　计	100					

练习与作业

1. 课堂练习

1）填空题

（1）切削用量是表示主运动及进给运动大小的参数，包括_____、_____和切削速度。

（2）G00 只是快速定位，且无切削加工过程，一般用于加工前的_____或加工后的_____。

（3）G01 程序中必须有_____指令，进给速度由_____指令决定。

（4）定位基准的选择包括_____选择和_____选择两部分。

（5）机械加工的工序划分通常采用_____原则和_____原则。

（6）对于切削量较大的轴套类零件，粗车加工时，同一加工路线要反复切削多次，可利用_____指令。

2）判断题

（1）数控车床加工零件，首先要分析零件结构工艺性、几何要素和技术要求。（   ）

（2）工件上已加工表面与待加工表面间的垂直距离称为背吃刀量。（   ）

（3）单位时间内车刀沿进给方向移动的距离称为进给速度。（   ）

（4）F 指令也是模态指令，可由 G01 指令取消。（   ）

（5）G00 为模态指令，可由 G01、G02、G03 或 G32 功能注销。（   ）

（6）零件检测前，应该擦拭干净工件的接触表面。（   ）

（7）对于图样上有位置精度要求的表面，尽可能在一次装夹下完成加工。（   ）

（8）对于表面粗糙度要求较高的表面，应采用恒线速度功能加工。（   ）

（9）换刀点的设置，要确保换刀时刀具不与工件发生碰撞和力求最短的换刀路线。

（   ）

3）选择题

（1）常见数控车削加工工序划分的方法有（   ）。

    A. 按安装次数划分   B. 按所用刀具划分

    C. 按加工部位划分   D. 按粗、精加工划分

（2）数控车床加工零件时，常见的退刀路线有（   ）。

    A. 斜向退刀路线   B. 径、轴向退刀路线

    C. 轴、径向退刀路线   D. 直向退刀路线

（3）对于 G01 指令编程格式不正确的是（   ）。

    A. G01 X_ Z_ F_；   B. G01 U_ Z_ F_；

    C. G01 U_ W_ F_；   D. G01 X_ U_ F_；

（4）G90 X(U)_ Z(W)_ F_；编程说明不正确的是（   ）。

    A. X、Z 为刀具目标点绝对坐标值

    B. U、W 为刀具坐标点相对于终点的增量坐标值

    C. F 为循环切削过程中的切削速度

D.　只能车削外圆柱表面

（5）读数时，视线必须与游标卡尺的刻度面（　　），保存读数正确性。

A.　平行　　　　　　　　　　　　　　B.　垂直

C.　倾斜　　　　　　　　　　　　　　D.　以上都可以

（6）（多选题）在轴类零件的加工工艺中，在分析轴类零件的轮廓几何要素时，运用制图知识分析零件图中的（　　）。

A.　定形尺寸

B.　定位尺寸

C.　几何元素（直线、圆弧、曲线等）之间的相对位置关系

D.　图形元素

（7）（多选题）数控车削常见的退刀路线有（　　）。

A.　斜向退刀路线　　　　　　　　　B.　径、轴向退刀路线

C.　轴、径向退刀路线　　　　　　　D.　横向退刀

4）思考题

（1）数控车削加工工艺内容有哪些？

（2）请对以下 G90 指令的参数进行说明。

```
G90 X(U)_ Z(W)_ R_ F_;
```

2. 课后作业

请你结合本次任务的学习情况，在课后撰写学习报告，并上传至线上学习平台。学习报告内容要求如下。

（1）绘制一张本次任务所学知识和技能的思维导图。

（2）总结自己或者小组在学习过程中出现的问题以及解决方法。

（3）撰写学习心得与反思。

生产任务工单

任务名称		使用设备		加 工 要 求
零件图号		加工数量		
下单时间		接单小组		
要求完成时间		责任人		
实际完成时间		生产人员		
产品质量检测记录				
检 测 项 目		自 检 结 果	质检员检测结果	
1	零件完整性			
2	零件关键尺寸不合格数目			
3	零件表面质量			
4	是否符合装配要求			
零件质量最终检测结果及处理意见				
验收人		存放地点		验收日期

学习任务6

固定顶尖的加工

固定顶
尖的加
工视频

固定顶尖实物图

学习内容

固定顶尖的加工

1. 知识准备 —— 数控车削加工工艺的制订
常用编程指令G71、G70
常用编程指令G41、G42、G40

2. 制订工艺路线

3. 编写加工程序

4. 加工固定顶尖零件

5. 学习评价

6. 练习与作业

7. 填写任务工单

学习目标

◇ 知识目标

(1) 识读固定顶尖的零件图样,清楚其加工要素。

(2) 知道数控车削加工工艺的制订方法。

(3) 清楚 G71、G70、G41、G42、G40 指令的编程格式及指令用途。

◇ 技能目标

(1) 能正确使用 G71、G70、G41、G42、G40 指令进行程序编程。

(2) 能根据零件的加工要求制订固定顶尖的加工工艺。

(3) 能在教师的指引下正确编写固定顶尖的加工程序。

（4）能选择合适的刀具加工固定顶尖零件。

（5）能正确选用量具测量固定顶尖零件尺寸。

◇ **素质目标**

（1）能够在制订固定顶尖零件加工工艺方案时提出自己的见解。

（2）能够规范使用工具、量具，并做好工具、量具的日常保养。

（3）能够与小组同学团结协作学习，按安全文明生产要求完成零件加工。

（4）能够运用所学的知识，对学习过程中本小组遇到的问题提出解决意见。

◇ **核心素养目标**

（1）具备责任意识，爱护实训中使用的工具、量具、刃具和实训设备。

（2）学习过程中严格遵守 5S 要求，安全文明生产。

（3）节约学习资源，对学习过程中产生的各类垃圾能有效分类并按要求投放，培养环保意识。

（4）具备严谨负责的职业意识，科学训练，刻苦实践，小组合作，能按时、按质完成加工任务。

（扫描可观看）

固定顶尖用于车床、磨床和铣床上加工轴套类零件时支持工件。固定顶尖具有结构简单、精度高、承载能力强的优点，多用于定位精度要求高的回转切削加工。

现有企业订单，要求对固定顶尖样件进行数控车削加工。零件图样如图 6-1 所示。

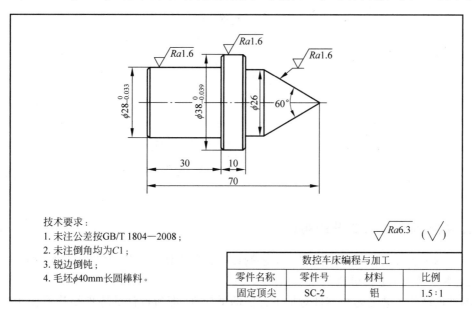

图 6-1 固定顶尖零件图

 任务分析

1. 制订工作计划

利用数控车削技能完成固定顶尖的制作,分别需要完成选择毛坯材料,选取工具、量具、刀具,制订加工工艺,编写加工程序,加工零件,质量检测,5S现场作业,填写生产任务工单八项内容,请完善表6-1工作计划表中的相关内容。

表6-1　固定顶尖工作计划

姓名		工位号	
序号	任务内容	计划用时	完成时间
1	选择毛坯材料		
2	选取工具、量具、刀具		
3	制订加工工艺		
4	编写加工程序		
5	加工零件		
6	质量检测		
7	5S现场作业		
8	填写生产任务工单		

2. 选取加工设备及物料

请根据固定顶尖的零件图及工作计划,选取加工固定顶尖零件所需要的毛坯、数控设备、刀具、量具等,并填写在表6-2中。

表6-2　加工固定顶尖的设备及物料

序号	名称	规格型号	数量	备注

 知识准备

1. 数控车削加工工艺的制订

零件的工艺分析是数控车削加工工艺制订的首要工作,主要包括以下几个内容。

1)零件结构工艺性分析

零件的结构工艺性是指零件对加工方法的适应性,即所设计的零件结构应便于加工成

形,也就是根据数控车削加工的特点来审视零件结构的合理性。图 6-2 所示为零件结构工艺性示例。

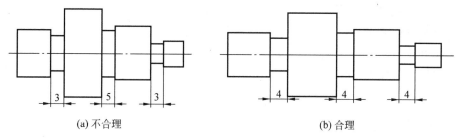

(a) 不合理　　　　　　　　　　　(b) 合理

图 6-2　零件结构工艺性示例

2) 确定刀具的进给路线

(1) 进给路线的确定原则

编程时加工进给路线的确定原则如下。

① 进给路线应该保证被加工零件的精度和表面粗糙度,且效率较高。

② 数字便于简化计算,以减少编程工作量。

③ 应使加工路线最短,这样既可减少程序段,又可减少空刀时间。

(2) 最短空行程的切削进给路线

在安排粗加工或者半精加工的切削加工路线时,应同时考虑被加工零件的刚性与加工工艺性要求,另外,在确定加工路线时,还要考虑工件的加工余量和车床、刀具的刚度等情况,以确定是一次进给还是分多次进给来完成零件的加工。

3) 加工阶段的划分

划分加工阶段的目的是保证加工质量、合理使用设备、便于及时发现毛坯缺陷及便于安排热处理工序。

当零件的加工质量要求较高时,往往不可能用一道工序来满足其要求,而要用几道工序逐步达到所要求的加工质量。为保证加工质量,且合理地使用设备、人力,零件的加工过程按照工序性质的不同,可分为粗加工、半精加工、精加工和光整加工四个阶段。

(1) 粗加工阶段。主要是大量切除多余的金属,提高生产效率。

(2) 半精加工阶段。主要使表面达到一定的精度,留有一定的精加工余量。

(3) 精加工阶段。保证零件的尺寸精度和表面粗糙度。

(4) 光整加工阶段。对零件上要求很高的表面,需要进行光整加工,以提高尺寸精度和减小表面粗糙度。此法不宜用来提高位置精度。

4) 工序划分原则

在数控车床上加工零件,应按照工序集中原则划分工序,在一次安装下尽可能完成大部分甚至全部表面加工。根据零件结构不同,通常选择"外圆＋端面"或"内孔＋端面"完成装夹,并力求设计基准、工艺基准和编程原点的统一。工序划分原则如下。

(1) 先粗后精。

(2) 先近后远。

(3) 先内后外。

(4) 程序段最少。

（5）进给路线最短。

5）加工顺序的安排

制订零件车削加工工序一般遵循下列原则。

（1）先粗后精原则。

（2）先近后远原则。

（3）内外交叉原则。

（4）基准先行原则。

2. 常用编程指令

1）外圆粗车复合循环指令 G71

外圆粗车复合循环指令 G71 又称为矩形复合循环指令，适用于车削棒料毛坯的外径和内径。在 G71 指令后描述零件的精加工轮廓，数控（CNC）系统根据加工程序制作描述的轮廓形状，以及根据 G71 指令内的各个参数自动生成加工路线，将粗加工待切除余料切削完成。

（1）指令格式

```
G71 U(Δd) R(e)
G71 P(ns) Q(nf) U(ΔU) W(ΔW) F(Δf)S(Δs)T(t)
N(ns)............
............F(f) S(s)
..............
N(nf) .........
```

（2）指令说明

Δd：X 方向进刀量（半径值指定）。

e：退刀量。

ns：精加工路线的第一个程序段段号。

nf：精加工路线的最后一个程序段段号。

ΔU：X 方向的精加工余量（直径值指定）。

ΔW：Z 方向的精加工余量。

Δf：粗车时的进给量。

Δs：粗车时的主轴转速（可省）。

t：粗车时所用的刀具（可省）。

f：精车时的进给量。

s：精车时的主轴转速。

（3）走刀轨迹

G71 指令的走刀轨迹如图 6-3 所示。

① 刀具从起点 A 点快速移动到 C 点，X 轴移动 ΔU、Z 轴移动 ΔW。

② 从 C 点开始向 X 轴移动 Δd（进刀）。

③ 向 Z 轴切削进给到粗车轮廓。

④ X 轴、Z 轴按切削进给速度退刀 e（45°

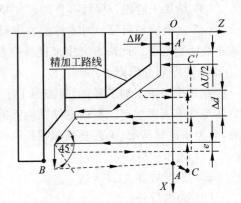

图 6-3　G71 指令走刀轨迹图

直线）。

⑤ Z 轴快速退回到与 C 点 Z 轴绝对坐标相同的位置。

⑥ X 轴再次进刀（$\Delta d + e$）。

⑦ 重复执行③～⑥。

⑧ 直到 X 轴进刀至 C' 点；然后执行⑨。

⑨ 沿粗车轮廓从 C' 点切削进给至 D 点。

⑩ 从 B 点快速移动到 A 点，G71 循环指令执行结束，程序跳转到 nf 程序段的下一个程序段执行。

（4）注意事项

① ns～nf 程序段必须紧跟在 G71 程序段后编写。

② 执行 G71 粗加工指令时，G71 程序段中的 F、S、T 有效，ns～nf 程序段中的 F、S、T 无效，ns～nf 程序段中的 F、S、T 只在执行 G70 精加工指令时有效。

③ ns 程序段中的 G00、G01 指令只能含 X 地址符。

④ 精车轨迹（ns～nf 程序段），X 轴、Z 轴的尺寸大小都必须呈单调递增或单调递减。

⑤ ns～nf 程序段中不能包含有子程序。

2）G70 精加工循环指令

（1）指令格式

G70 P(ns) Q(nf);

（2）指令说明

ns：指定精加工路线的第一个程序段的顺序号。

nf：指定精加工路线的最后一个程序段的顺序号。

（3）编程实例

如图 6-4 所示，该零件属于典型的阶梯轴类零件，适合运用数控车床进行加工。现有零件毛坯尺寸为 $\phi52\text{mm} \times 100\text{mm}$，假设粗车时，切削深度（单边）取值 1.5mm，退刀量取值 1mm，主轴转速取值 800r/min，进给量取值 0.2mm/r；精车时，X 方向精加工余量 0.5mm（双边），Z 方向不留加工余量，主轴转速取值 1200r/min，进给量取值 0.1mm/r。粗车刀具为 2 号外圆刀，精车刀具为 1 号外圆刀。参考程序如表 6-3 所示。

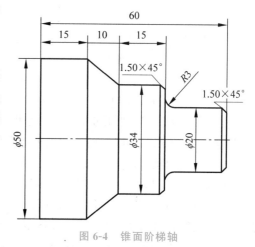

图 6-4　锥面阶梯轴

表 6-3　参考程序

顺序号	程　　　序	说　　　明
	O6001;	程序号
N10	G99 G00 X100 Z100 T0202;	调用 2 号粗车外圆车刀及 2 号刀补，快速定位至安全区域
N20	M03 S800;	主轴正转启动

顺序号	程　序	说　明
N30	G00 X53 Z2;	快速接近循环点
N40	G71 U1.5 R1;	粗车复合循环指令 G71
N50	G71 P60 Q160 U0.5 F0.2;	
N60	G00 X17;	精加工程序段
N70	G01 Z0 F0.1;	
N80	X20 Z-1.5;	
N90	Z-17;	
N100	G02 X26 Z-20 R3;	
N110	G01 X31;	
N120	X34 W-1.5;	
N130	W-13.5;	
N140	X50 W-10;	
N150	Z-60;	
N160	X52;	
N170	G00 X100 Z100 M05;	退刀至安全区域,主轴停止
N180	M00;	程序暂停
N190	T0101;	调用 1 号精车外圆车刀及 1 号刀补
N200	M03 S1200;	精车转速
N210	G00 X53 Z2;	快速接近循环点
N220	G70 P60 Q160;	精车循环
N230	G00 X100 Z100 M05;	快速定位至安全点,主轴停止
N240	M30;	程序结束

3) 刀尖圆弧半径补偿指令

(1) 刀尖圆弧半径补偿原因

数控车床是按车刀刀尖对刀的,在实际加工中,由于刀具产生磨损及精加工时车刀刀尖磨成半径不大的圆弧,因此车刀的刀尖不可能绝对尖,总有一个小圆弧,所以对刀刀尖的位置是一个假想刀尖 A,如图 6-5 所示。编程时是按假想刀尖轨迹编程,即工件轮廓与假想刀尖 A 重合,车削时实际起作用的切削刃却是圆弧各切点,这样就引起加工表面形状误差。

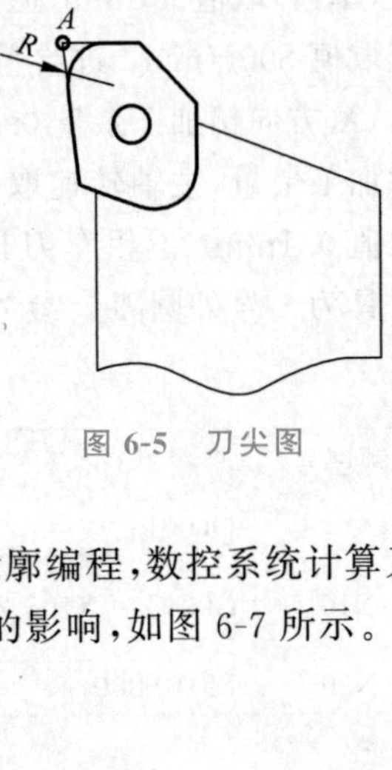

车内、外圆柱和端面时无误差产生,实际切削刃的轨迹与工件轮廓轨迹一致。车削锥面及圆弧面时,零件轮廓线与刀尖圆弧实际切削轨迹两者会产生误差,如图 6-6 所示。若工件要求不高或留有精加工余量,可忽略此误差;否则应考虑刀尖圆弧半径对工件形状的影响。

图 6-5　刀尖图

为保持工件轮廓形状,加工时不允许刀具中心轨迹与被加工工件轮廓重合,而应与工件轮廓偏移一个半径值 R,这种偏移称为刀尖半径补偿。采用刀尖半径补偿功能后,编程者仍按工件轮廓编程,数控系统计算刀尖轨迹,并按刀尖轨迹运动,从而消除了刀尖圆弧半径对工件形状的影响,如图 6-7 所示。

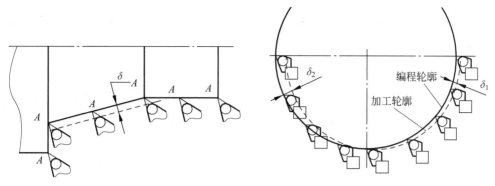

图 6-6　车削圆锥及圆弧时产生的误差

（2）G40、G41、G42 指令及运用

指令格式：

`G41/G42/G40 G00/G01 X_ Z_ F_ ;`

指令说明如下。

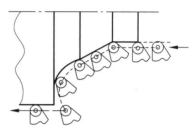

图 6-7　半径补偿后刀具的运动轨迹

G40：刀具半径补偿取消指令，即使用该指令后，使 G40、G41、G42 指令无效。

G41：刀具半径左补偿指令，即沿刀具运动方向看，刀具位于工件左侧时的刀具半径补偿。

G42：刀具半径右补偿指令，即沿刀具运动方向看，刀具位于工件右侧时的刀具半径补偿。

判别方法如图 6-8 所示。对于数控车床来讲，刀架的位置有前置和后置两种情况，图 6-8(a) 为后置刀架，图 6-8(b) 为前置刀架。

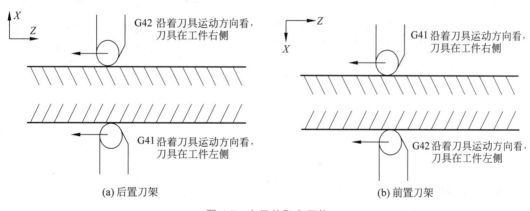

(a) 后置刀架　　　　　　　　　　　　(b) 前置刀架

图 6-8　左刀补和右刀补

运用圆弧半径自动补偿时，将 G41/G42/G40 指令插入 G00/G01 程序段任意位置即可。

（3）编程实例

如图 6-4 所示锥面阶梯轴的加工，使用刀具半径补偿指令时，在精加工程序段添加即可，程序段如下。

```
N190 T0101;
N200 M03 S1200;
```

```
N210 G00 X53 Z2 G42;
N220 G70 P60 Q160;
N230 G40 G00 X100 Z100 M05;
N240 M30;
```

（4）刀尖圆弧半径补偿功能的设置

要实现刀尖圆弧半径补偿功能，在加工零件之前必须把刀尖半径补偿的相关数据输入到存储器中，以便数控系统对刀尖的圆弧半径所引起的误差进行自动补偿。

① 刀尖半径补偿 R 值的设置

打开刀具补偿设置页面，如图 6-9 所示，第三列为刀尖半径补偿值的设置表，用于指定刀具的刀尖半径值。

② 刀尖半径补偿 T 值的设置

在实际加工中，刀具的切削刃因工艺要求或其他原因造成假想刀尖点与刀尖圆弧中心点有不同的位置关系，因此要正确建立假想刀尖的方向，即对刀点是刀具的哪个位置。为了使数控系统知道刀具的刀尖方向（即安装情况），以便准确进行刀尖半径补偿，数控系统定义了车刀刀尖的位置码。位置码用数字 0～9 来表示，如图 6-10 所示。图 6-9 中的 TIP 列即代表刀具刀尖的方向位置，输入相对应刀尖方位到存储器中，刀尖圆弧半径补偿时即可自动调用，实现精密加工。

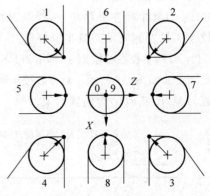

图 6-9　刀尖补偿位置页面　　　　图 6-10　刀尖方位图

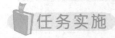

1. 识读零件图样

1）图样分析

由图 6-1 可知，固定顶尖零件需要车削 $\phi28$mm、$\phi26$mm 和 $\phi38$mm 的外圆柱面及 3 处 C1 倒角和 1 个 60°的圆锥面，其外圆柱表面粗糙度均为 $Ra1.6\mu$m，同时还需要保证长度尺寸 30mm、10mm、70mm。总之，固定顶尖零件结构简单，但尺寸精度和表面粗糙度要求较高。

2）确定工件毛坯

根据图 6-1 可知，毛坯材料为铝材。工件各台阶之间直径相差较小，毛坯可采用棒料，下料后便可加工，规格为 $\phi40$mm 长圆棒料。

2. 制订工艺路线

请根据零件的加工要求,分别从表 6-4 中选择零件的工艺简图,从表 6-5 中选择零件的工步内容,按正确的顺序将其填写在表 6-6 零件的加工工艺中,并从附录 A 和附录 B 中选择合适的刀具、量具,参考附录 C 垃圾分类操作指引,完善表 6-6 中其他的内容。

表 6-4 固定顶尖的工艺简图

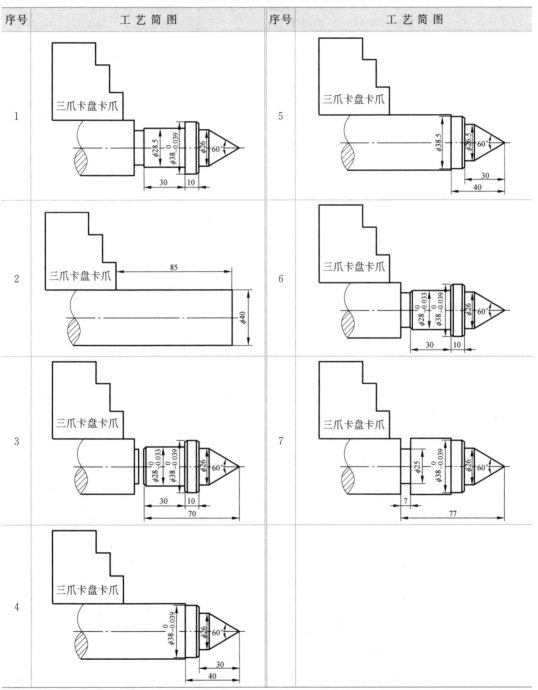

表 6-5　固定顶尖的工步内容

序号	工 步 内 容
1	粗车 $\phi26$mm、$\phi38$mm 外圆面、$C1$ 倒角和 60°圆锥面
2	切($\phi25\times7$)mm 工艺槽
3	切断,保证总长 70mm
4	精车左端 $\phi28$mm 外圆面、两处 $C1$ 至公差尺寸要求
5	车工件右端面
6	精车 $\phi26$mm、$\phi38$mm 外圆面、$C1$ 倒角和 60°圆锥面至公差尺寸要求
7	粗车左端 $\phi28$mm 外圆面

表 6-6　_____零件的加工工艺

工艺序号	工艺简图序号	工步内容序号	加 工 刀 具	使 用 量 具	将产生的生产垃圾	垃圾分类

3. 编写程序

1) 填写工艺卡片和刀具卡片

综合以上分析的各项内容,填写数控加工工艺卡片表 6-7 和刀具卡片表 6-8。

表 6-7　固定顶尖的数控加工工艺卡片

单位名称				产品型号			
				产品名称		固定顶尖	
零件号	SC-2	材料型号	铝	毛坯规格	棒料	设备型号	
					$\phi40$mm 圆棒料		
工序号	工序名称	工步号	工步内容	切削参数			刀具准备	
				$n/$(r/min)	$a_p/$mm	$v_f/$(mm/r)	刀具类型	刀位号
1	备料		$\phi40$mm 长圆棒料					
2	车	1	车工件右端面	800		手轮控制	90°外圆粗车刀	T02
		2	粗车 $\phi26$mm、$\phi38$mm 外圆面、$C1$ 倒角和 60°圆锥面	800	1	0.2	90°外圆粗车刀	T02
		3	精车 $\phi26$mm、$\phi38$mm 外圆面、$C1$ 倒角和 60°圆锥面至公差尺寸要求	1200	0.5	0.1	90°外圆精车刀	T01
		4	切($\phi25\times7$)mm 工艺槽	500	4	0.05	4mm 切断刀	T04
		5	粗车左端 $\phi28$mm 外圆面	800	1	0.2	35°左偏外圆车刀	T03
		6	精车左端 $\phi28$mm 外圆面、两处 $C1$ 至公差尺寸要求	1200	0.5	0.1	35°左偏外圆车刀	T03
		7	切断,保证总长 70mm	500	4	0.05	4mm 切断刀	T04

表 6-8　数控加工刀具卡片

产品名称或代号				零件名称	固定顶尖	零件图号	SC-2
序号	刀具号	偏置号	刀具名称及规格	材质	数量	刀尖半径	假想刀尖
1	01	01	90°右偏外圆车刀	硬质合金	1	0.4	3
2	02	02	90°右偏外圆车刀	硬质合金	1	0.8	3
3	03	03	35°左偏外圆车刀	硬质合金	1	0.4	—
4	04	04	4mm 切断车刀	硬质合金	1	—	—

2）编写固定顶尖的加工程序

以沈阳数控车床 CAK4085（FANUC Series Oi Mate-TC 系统）为例，编写加工程序，如表 6-9 所示。

表 6-9　固定顶尖加工程序卡片

编程思路说明	顺序号	程序内容
程序号		O6002;
调用 2 号粗车外圆车刀及 2 号刀补,快速定位至安全点	N10	G99 G00 X100 Z100 T0202;
主轴正转启动	N20	M03 S800;
快速接近循环点	N30	G00 X41 Z3;
粗车复合循环指令 G71	N40	G71 U1 R0.5;
	N50	G71 P60 Q110 U0.5 W0.05 F0.2;
精加工程序段	N60	G00 X0;
	N70	G01 Z0 F0.1;
	N80	X26 Z-22.516;
	N90	Z-30;
	N100	X38 C1;
	N110	Z-40;
退刀至安全区域,主轴停止	N120	G00 X100 Z100 M05;
程序暂停	N130	M00;
调用 1 号精车外圆车刀及 1 号刀补	N140	T0101;
精车转速	N150	M03 S1200;
快速接近循环点,刀尖半径右补偿	N160	G00 X41 Z3 G42;
精车循环	N170	G70 P60 Q110;
快速定位至安全点,取消刀尖半径补偿,主轴停止	N180	G40 G00 X100 Z100 M05;
程序暂停	N190	M00;
调用 4 号切断刀及 4 号刀补	N200	T0404;
主轴正转,转速 500r/min	N210	M03 S500;
快速接近切槽定位点	N220	G00 X41 Z-77;
切工艺槽	N230	G01 X25 F0.05;
	N240	G00 X42;
	N250	W3;
	N260	G01 X25 F0.05;

编程思路说明	顺序号	程 序 内 容
快速退刀至安全点，主轴停止	N270	G00 X100；
	N280	Z100 M05；
程序暂停	N290	M00；
调用 3 号左偏外圆刀及 3 号刀补	N300	T0303；
主轴正转，转速 800r/min	N310	M03 S800；
快速接近循环起点	N320	G00 X41 Z-71；
	N330	G90 X38 Z-40 F0.2；
	N340	X36；
	N350	X34；
粗车 φ28mm 外圆，留 0.5mm 精车余量	N360	X32；
	N370	X30；
	N380	X28.5；
快速退刀至安全点，主轴停止	N390	G00 X100；
	N400	Z100 M05；
程序暂停	N410	M00；
精车转速，调用 3 号左偏外圆刀及 3 号刀补	N420	M03 S1200 T0303；
定位至精加工起点	N430	G00 X41 Z-71；
	N440	G01 X26 F0.1；
	N450	Z-70；
C1 倒角	N460	X28 Z-69；
精车 φ28mm 外圆	N470	Z-40；
C2 倒角	N480	X36
	N490	X40 W2；
快速退刀至安全位置，主轴停止	N500	G00 X100；
	N510	Z100 M05；
程序暂停	N520	M00；
调用 4 号切断刀及 4 号刀补	N530	T0404；
主轴正转，转速 500r/min	N540	M03 S500；
快速接近切断定位点	N550	G00 X41 Z-74；
	N560	X30；
切断	N570	G01 X0 F0.05；
快速退刀至安全点，主轴停止	N580	G00 X100；
	N590	Z100 M05；
程序结束	N600	M30；

4. 加工固定顶尖

固定顶尖的加工过程如表 6-10 所示。

表 6-10　固定顶尖的加工过程

序号	加工步骤	工艺简图	使用刀具	使用量具	加工方式	操作要点	本环节产生的生产垃圾	垃圾分类处理
1	备料：ϕ40mm 长圆棒料	ϕ40	—		—	—		
2	车工件右端面	ϕ40 85 三爪卡盘卡爪			手动	夹持毛坯外圆，伸出长度 85mm，车右端面		其他垃圾
3	粗车 ϕ26mm，ϕ38mm 外圆面，C1 倒角和 60°圆锥面	60° ϕ26.5 ϕ38.5 30 40 三爪卡盘卡爪			自动	游标卡尺检测各外圆是否有 0.5mm 余量	铝屑	可回收物

续表

序号	加工步骤	工艺简图	使用刀具	使用量具	加工方式	操作要点	本环节产生的生产垃圾	垃圾分类处理
4	精车φ26mm、φ38mm外圆面，C1倒角和60°圆锥面至公差尺寸要求					外径千分尺检测φ26mm、φ38mm外圆，如尺寸偏大，则应在刀具补偿处把多余的直径余量减去后，再次精车，直至符合尺寸要求	铝屑	可回收物
5	切(φ25×7)mm工艺槽				自动	游标卡尺检测工艺槽(φ25×7)mm是否符合要求		
6	粗车左端φ28mm外圆面					游标卡尺检测各外圆是否有0.5mm余量		

续表

序号	加工步骤	工艺简图	使用刀具	使用量具	加工方式	操作要点	本环节产生的生产垃圾	垃圾分类处理
7	精车左端 φ28mm 外圆面，两处 C1 至公差尺寸要求				自动	外径千分尺检测 φ28mm 外圆，如尺寸偏大，则应在刀具补偿处把多余的直径余量减去后，再次精车，直至符合尺寸要求	铝屑	可回收物
8	切断，保证总长 70mm				自动	保证总长 70mm		
9	设备保养	—	—	—	—	整理工作台物品，清洁数控车床并上油保养，清扫实训场地		有害垃圾

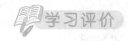

1. 学习过程评价

请你根据本次任务学习过程中的实际情况,在表 6-11 中对自己及学习小组进行评价。

表 6-11　学习过程评价表

学习小组:_____　　　　姓名:_____　　　　评价日期:_____

评价人	评价内容	评价等级			情况说明
自我评价	能否按 5S 要求规范着装	能 □	不确定 □	不能 □	
	能否针对学习内容主动与其他同学进行沟通	能 □	不确定 □	不能 □	
	能否叙述固定顶尖零件的加工工艺过程	能 □	不确定 □	不能 □	
	能否正确编写固定顶尖零件的加工程序	能 □	不确定 □	不能 □	
	能否规范使用工具、量具、刀具加工零件	能 □	不确定 □	不能 □	
	你自己加工的固定顶尖零件的完成情况如何	按图纸要求完成 □ 基本完成 □　没有完成 □			
	能否独立且正确检测零件尺寸	能 □	不确定 □	不能 □	
小组评价	小组所使用的工具、量具、刀具能否按 5S 要求摆放	能 □	不确定 □	不能 □	
	小组组员之间团结协作、沟通情况如何	好 □	一般 □	差 □	
	小组所有成员是否都完成固定顶尖的加工	能 □	不能 □		
教师评价	学生个人在小组中的学习情况	积极 □　懒散 □ 技术强 □　技术一般 □			
	学习小组在学习活动中的表现情况	好 □	一般 □	差 □	

2. 专业技能评价

请参照零件图 6-2,使用游标卡尺、千分尺等量具,分别对自己与组员加工的固定顶尖零件进行检测,并把检测结果填写在表 6-12 中。

表 6-12　固定顶尖零件质量检测表

序号	检测项目	配分	评分标准	自检结果	得分	互检结果	得分
1	$\phi 38_{-0.039}^{0}$ mm	20	符合要求得分				
2	$\phi 28_{-0.033}^{0}$ mm	20	符合要求得分				
3	$\phi 26$ mm	10	符合要求得分				
4	10mm	10	符合要求得分				
5	30mm	6	符合要求得分				
6	70mm	6	符合要求得分				
7	C1 倒角 3 处	6	符合要求得分				
8	60°外圆锥面	10	符合要求得分				
9	$Ra1.6\mu m$ 3 处	12	每处降一级扣 2 分				
	合　计	100					

📋 练习与作业

1. 课堂练习

1) 填空题

(1) 程序指令 G71 P70 Q130 U0.5 W0 F0.1 中 U0.5 表示_____。

(2) G70 P1 Q2 中精加工程序的开始程序段号是_____。

(3) 外圆粗车复合循环指令 G71 又称矩形复合循环指令,适用于车削棒料毛坯的_____和_____。

(4) F 指令用于指定_____,S 指令用于指定_____,T 指令用于指定_____;其中 F0.1 表示_____,S800 表示_____。

(5) 刀尖圆弧补偿分为_____和_____两种。

(6) 取消刀尖圆弧补偿的指令是_____。

(7) 为了保证加工精度可以在程序中加入_____和_____两个指令。

2) 判断题

(1) 前置顶尖用来装夹细长轴类零件。　　　　　　　　　　　　　(　　)

(2) FANUC 系统中的 G71 指令可以加工凹槽轮廓。　　　　　　　(　　)

(3) G71 指令可以加工锥面、圆弧、外圆面、内孔。　　　　　　　　(　　)

(4) 数控车床编程的编程原点都在工件右端面中心。　　　　　　　(　　)

(5) 千分尺的测量精度比游标卡尺的测量精度高。　　　　　　　　(　　)

(6) 35°车刀又称偏刀,只有左偏刀一种。　　　　　　　　　　　　(　　)

(7) 切槽时,进给量比车外圆的进给量小。　　　　　　　　　　　　(　　)

(8) 划分加工阶段的目的是为了保证加工质量、合理使用设备、便于及时发现毛坯缺陷及便于安排热处理工序。　　　　　　　　　　　　　　　　　　　(　　)

3) 选择题

(1) (　　)指令可以实现主轴停止。

　　A. M00　　　　　　　B. M01　　　　　　　C. M03　　　　　　　D. M05

(2) G70 P10 Q20 F0.1 T0202,其进给量是(　　)。

　　A. 10　　　　　　　　B. 20　　　　　　　　C. 0.1　　　　　　　D. 0202

(3) 数控车床加工中需要换刀时,程序中应设定(　　)。

　　A. 参考点　　　　　B. 机床原点　　　　　C. 刀位点　　　　　D. 换刀点

(4) (多选题)编程时加工进给路线的确定原则为(　　)。

　　A. 进给路线应该保证被加工零件的精度和表面粗糙度,且效率较高

　　B. 数值计算简便,以减少编程工作量

　　C. 应使加工路线最短,这样既可减少程序段,又可减少空刀时间

　　D. 保证加工效率,充分发挥数控机床的性能

(5) (多选题)为保证加工质量,且合理地使用设备、人力,零件的加工过程按照工序性质不同,可分为(　　)阶段。

　　A. 粗加工　　　　　　　　　　　　　B. 半精加工

　　C. 精加工　　　　　　　　　　　　　D. 光整加工

(6)（多选题）工序划分原则包括（   ）。

    A. 先粗后精   B. 先近后远   C. 先内后外   D. 程序段最少

    E. 进给路线最短

(7)（多选题）制订零件车削加工工序一般遵循（   ）的原则。

    A. 先粗后精   B. 先近后远   C. 内外交叉   D. 基准先行

4）思考题

(1) 数控车削加工工艺的制订有哪些内容？

(2) G71 循环指令加工有哪些注意事项？

2. 课后作业

请你结合本次任务的学习情况，在课后撰写学习报告，并上传至线上学习平台。学习报告内容要求如下。

(1) 绘制一张本次任务所学知识和技能的思维导图。

(2) 总结自己或者小组在学习过程中出现的问题以及解决方法。

(3) 撰写学习心得与反思。

生产任务工单

任务名称		使用设备		加 工 要 求	
零件图号		加工数量			
下单时间		接单小组			
要求完成时间		责任人			
实际完成时间		生产人员			
产品质量检测记录					
检 测 项 目		自 检 结 果		质检员检测结果	
1	零件完整性				
2	零件关键尺寸不合格数目				
3	零件表面质量				
4	是否符合装配要求				
零件质量最终检测结果及处理意见					
验收人		存放地点		验收日期	

手柄的加工

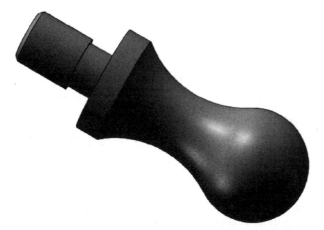

手柄实物图

手柄的
加工视频

学习内容

```
                          1. 知识准备 ── 成形面的数控车削工艺
                                      └ 常用编程指令G02、G03、G73

                          2. 制订工艺路线

                          3. 编写加工程序
            手
            柄       ──   4. 加工手柄零件
            的
            加            5. 学习评价
            工
                          6. 练习与作业

                          7. 填写任务工单
```

◇ **知识目标**

(1) 识读手柄的零件图样,清楚其加工要素。

(2) 知道成形面的数控车削工艺。

(3) 清楚 G02、G03、G73 指令的编程格式及指令用途。

◇ **技能目标**

(1) 能正确使用 G02、G03、G73 指令编写程序。

(2) 能根据零件的加工要求制订手柄的加工工艺。

(3) 能在教师的指引下正确编写手柄的加工程序。

(4) 能选择合适的刀具加工手柄零件。

(5) 能正确选用量具测量手柄零件尺寸。

◇ **素质目标**

(1) 能够与小组同学团结协作完成手柄零件程序编制任务。

(2) 清楚成形面的数控车削方法和注意事项,能在教师的指引下,与小组同学团结协作学习,正确选择加工方法,规范操作。

(3) 学习过程中,能在同学间相互提醒监督,按 5S 要求做好文明生产工作。

(4) 能够规范着装,做好个人安全防护。

◇ **核心素养目标**

(1) 了解手柄的实际生产应用,培养创新意识,提升职业认同感。

(2) 初步具备精益求精的工匠精神,能进行零件质量检测。

(3) 能按时、按质完成自己的加工任务,实现小组全员达成学习目标,培养严谨、负责的职业意识。

(4) 在加工过程中能严格按照安全文明生产要求规范操作,培养安全文明生产意识。

课前思政小故事

(扫描可观看)

手柄零件为某机器转盘上的零部件,它可以更好地把人手上的力传递到转盘上,从而便捷、有效地带动机器转动。

现有企业订单,要求对手柄样件进行数控车削加工。零件图样如图 7-1 所示。

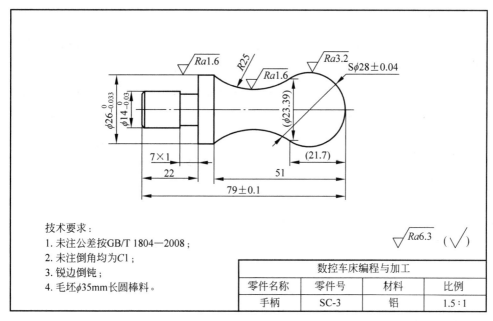

图 7-1 手柄零件图

技术要求：
1. 未注公差按GB/T 1804—2008；
2. 未注倒角均为C1；
3. 锐边倒钝；
4. 毛坯φ35mm长圆棒料。

数控车床编程与加工			
零件名称	零件号	材料	比例
手柄	SC-3	铝	1.5∶1

 任务分析

1. 制订工作计划

利用数控车削技能完成手柄的制作，分别需要完成选择毛坯材料，选取工具、量具、刀具，制订加工工艺，编写加工程序，加工零件，质量检测，5S 现场作业，填写生产任务工单八项内容，请完善表 7-1 工作计划表中的相关内容。

表 7-1 手柄工作计划

姓名		工位号	
序号	任 务 内 容	计划用时	完成时间
1	选择毛坯材料		
2	选取工具、量具、刀具		
3	制订加工工艺		
4	编写加工程序		
5	加工零件		
6	质量检测		
7	5S 现场作业		
8	填写生产任务工单		

2. 选取加工设备及物料

请根据手柄的零件图及工作计划,选取加工手柄零件所需要毛坯、数控设备、刀具、量具等,填写在表 7-2 中。

表 7-2　加工手柄的设备及物料

序 号	名 称	规格型号	数 量	备 注

 知识准备

1. 成形面的数控车削工艺

1) 成形面的数控车削方法

凹、凸圆弧是成形面零件上常见的曲线轮廓,在数控车床上加工凹、凸圆弧常用的加工路线有如下三种。

(1) 阶梯法

图 7-2 所示为车圆弧的阶梯切削路线,先粗车阶梯,最后一刀精车圆弧。在零件上加工一个凹圆弧,为了合理分配吃刀量,保证加工质量,采用等半径圆弧递进切削,编程思路简单,适用于粗车复合循环 G71 指令。

(2) 同心圆分层切削法

根据加工余量,如图 7-3 所示圆弧始点、终点坐标、半径 R 均变化,采用不同的圆弧半径,同时在两个方向上向所加工的圆弧偏移,最终将圆弧加工出来。采用这种加工路线时,加工余量相等,加工效率高,但要同时计算起点、终点和半径值。一般用于加工余量较大的凸弧。

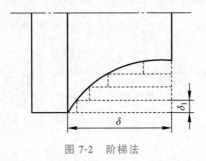

图 7-2　阶梯法

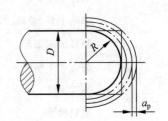

图 7-3　同心圆分层切削法

(3) 先锥后圆弧法

如图 7-4 所示,先把过多的切削余量用车锥的方法切除掉,最后一刀走圆弧的路线切削

圆弧成形。若是凸圆弧时,可根据几何知识算出图中 AB 段的长度,然后车锥,最后车弧。

2)圆弧面车削加工常用刀具

(1)尖形车刀

对于大多数精度要求不高的成形面,一般可选用尖形车刀。选用这类车刀切削圆弧,一定要选择合理的副偏角,防止副切削刃与已加工圆弧面产生干涉(图 7-5 中 P 点为刀具干涉)。车刀副后刀面会与工件已车削轮廓表面干涉(图 7-6),车削圆弧的圆弧曲率半径较小,容易发生干涉,一般采用直头刀杆车削,如图 7-7 所示。

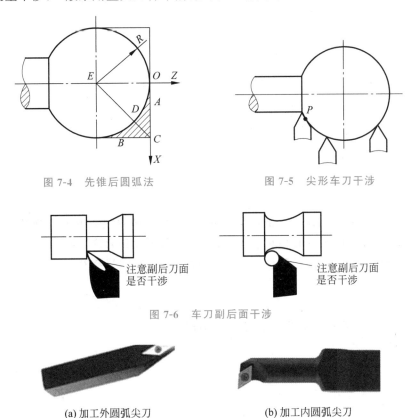

图 7-4　先锥后圆弧法　　　　　　图 7-5　尖形车刀干涉

注意副后刀面
是否干涉

注意副后刀面
是否干涉

图 7-6　车刀副后面干涉

(a) 加工外圆弧尖刀　　　　　　(b) 加工内圆弧尖刀

图 7-7　直头刀杆车刀

(2)圆弧形车刀

如图 7-8 所示,圆弧形车刀用于切削内、外表面,特别适宜于车削各种光滑连接的成形面。在选用圆弧车刀切削圆弧时,切削刃的圆弧半径应小于或等于零件凹形轮廓上的最小曲率半径。一般加工圆弧半径较小的零件,可选用成形圆弧车刀,刀具的圆弧半径等于工件圆弧半径时,使用 G01 直线插补指令用直进法加工。

2. 常用编程指令

1)圆弧插补指令 G02/G03

(1)指令格式

圆弧指令示意图如图 7-9 所示。

图 7-8　圆弧形车刀

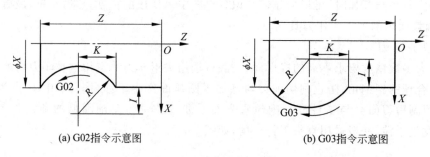

(a) G02指令示意图　　　　　　　　　(b) G03指令示意图

图 7-9　圆弧指令示意图

当用圆弧半径 R 指定圆心位置时,格式如下:

```
G02 X(U)_ Z(W)_ R_ F_;
G03 X(U)_ Z(W)_ R_ F_;
```

当用 I、K 指定圆心位置时,格式如下:

```
G02 X(U)_ Z(W)_ I_ K_ F_;
G03 X(U)_ Z(W)_ I_ K_ F_;
```

(2) 指令说明

程序指令中,X、Z 为圆弧终点的绝对坐标;U、W 为圆弧终点相对于圆弧起点增量坐标;R 为圆弧半径;I、K 为圆心相对于圆弧起点的增量值;F 为进给量。

使刀具从圆弧起点,沿圆弧移动到圆弧终点时,顺时针圆弧插补为 G02,逆时针圆弧插补为 G03。

(3) 编程实例

如图 7-10 所示,精车两段圆弧,用绝对值编程方式如下。

AB 段圆弧:

```
G02 X36 Z-38 R20;
```

BC 段圆弧:

```
G03 X60 Z-62 R30;
```

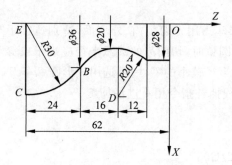

图 7-10　圆弧指令编程实例

2）封闭切削复合循环指令 G73

（1）指令格式

G73 U(Δi) W(Δk) R(d);

G73 P(ns) Q(nf) U(Δu) W(Δw) F__ S__ ;

N(ns)...........

............F__ S__

....

N(nf) ....

（2）指令说明

程序指令中，Δi 为 X 方向切削总余量，半径值；Δk 为 Z 方向切削总余量；d 为粗车次数，为整数值；ns 为精车加工程序第一个程序段号；nf 为精车加工程序最后一个程序段号；Δu 为 X 方向精加工余量值和方向，直径量；Δw 为 Z 方向精加工余量值和方向；F__ S__ 为粗车循环加工的进给速度、主轴转速。

（3）走刀轨迹

封闭切削复合循环指令 G73 指令的走刀轨迹如图 7-11 所示。

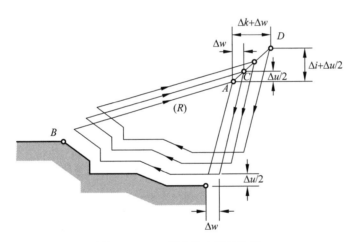

图 7-11　G73 指令的走刀轨迹图

G73 指令的加工过程中，A 点为粗车循环的起始点，即循环加工的定位点，B 点到 C 点为精车路线。执行 G73 指令进行粗车加工时，每一刀的粗车路线都与精车路线一致，只是按 G73 的参数设置进行分层车削。在粗车过程中，包含在 ns 到 nf 程序段中的任何 F、S、T 指令以及 G96 或 G97 指令均不被执行，而在 G73 程序段或以前的程序段中的 F、S、T 指令以及 G96 或 G97 功能有效，尽量不要在 G73 程序段中设定刀具功能，以免刀具与工件发生碰撞。

G73 指令可以车削固定的形状，通常用于车削铸造成形、锻造成形或已粗车成形的零件，以及带有凹面形状的零件粗车加工。

（4）编程实例

编写图 7-12 所示零件的加工程序，毛坯为锻件，径向、轴向加工余量均为 4mm。

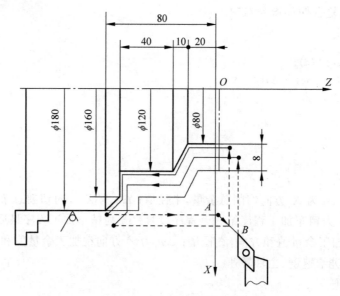

图 7-12 G73 指令编程实例

程序如下。

```
O7001;
T0101;
M03 S800;
G99 G00 X182 Z3;
G73 U4 W4 R2;
G73 P10 Q20 U0.5 W0.05 F0.2;
N10 G00 X80;
G01 Z-20;
X120 W-10;
W-40;
X160;
X180 Z-80;
N20 X181;
G70 P10 Q20;
G00 X200 Z200;
M30;
```

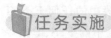任务实施

1. 识读零件图样

1）图样分析

由图 7-1 可知，手柄零件需要车削 $\phi26\text{mm}$ 和 $\phi14\text{mm}$ 的外圆柱面、$S\phi28$ 的球头面、$R25$ 圆弧面及 $C1$ 倒角一处，其中 $\phi26\text{mm}$ 外圆柱面和 $R25$ 圆弧面粗糙度为 $Ra1.6\mu\text{m}$，$S\phi28$ 的球头面表面粗糙度为 $Ra3.2\mu\text{m}$，同时还需要保证长度尺寸（84±0.1）mm。总之，手柄零件外形结构以圆弧为主，其尺寸精度和表面粗糙度要求较高。

2）确定工件毛坯

根据图 7-1 可知，毛坯材料为铝材，毛坯采用棒料，下料后便可加工，规格为 $\phi35$mm 长圆棒料。

2. 制订工艺路线

请根据零件的加工要求，分别从表 7-3 中选择零件的工艺简图，从表 7-4 中选择零件的工步内容，按正确顺序填写在表 7-5 零件的加工工艺中，并从附录 A 和附录 B 中选择合适的刀具、量具，参考附录 C 垃圾分类操作指引，完善表 7-5 中的其他内容。

表 7-3　手柄的工步简图

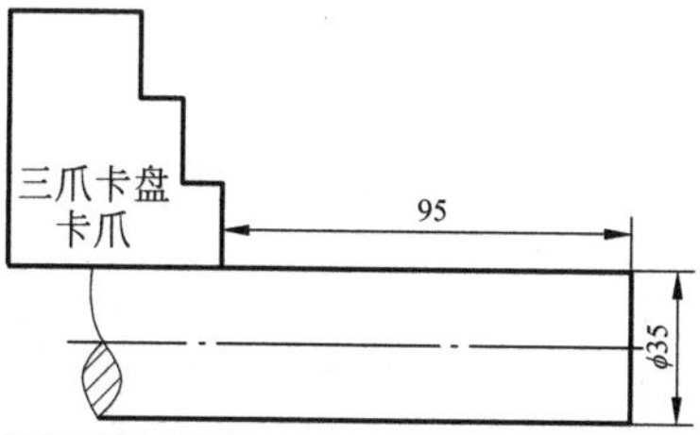

表 7-4　手柄的工步内容

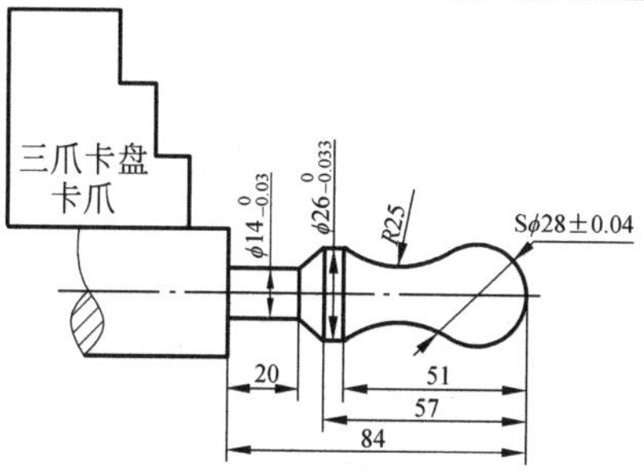

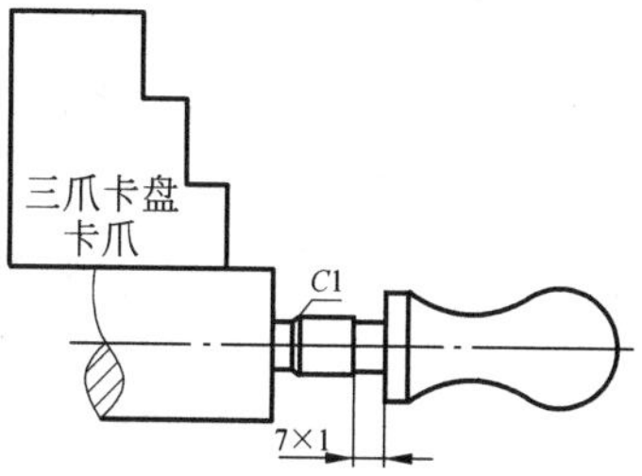

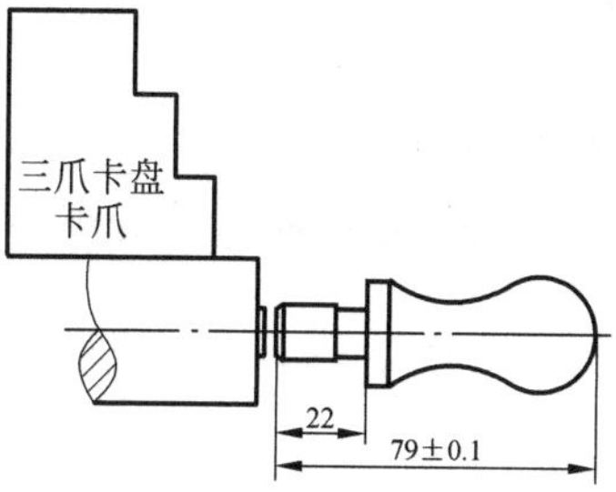

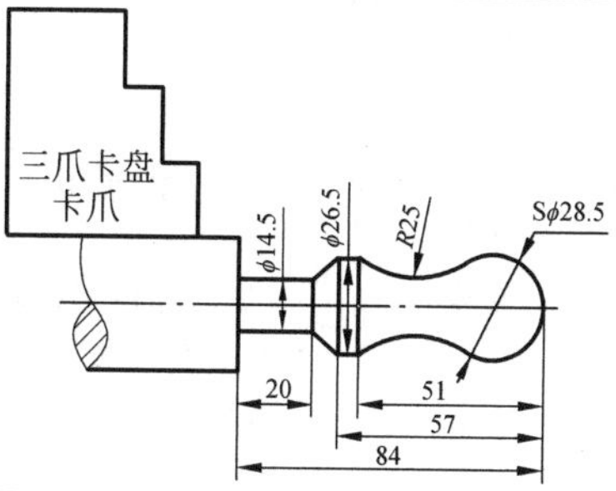

序号	工 步 内 容
1	切(7×1)mm 退刀槽及 $C1$ 倒角
2	精车 $S\phi28$ 的球头面、$R25$ 圆弧面、$\phi26$mm 外圆面及 $\phi14$mm 外圆面至公差尺寸要求
3	粗车 $S\phi28$ 的球头面、$R25$ 圆弧面、$\phi26$mm 外圆面及 $\phi14$mm 外圆面
4	切断，保证总长(79 ± 0.1)mm
5	车工件右端面

表 7-5 _____零件的加工工艺

工艺序号	工艺简图序号	工步内容序号	加 工 刀 具	使 用 量 具	将产生的生产垃圾	垃圾分类

3. 编写程序

1）填写工艺卡片和刀具卡片

综合以上分析的各项内容，填写数控加工工艺卡片表 7-6 和刀具卡片表 7-7。

表 7-6 手柄的数控加工工艺卡片

单位名称				产品型号				
				产品名称		手柄		
零件号	SC-3	材料型号	铝	毛坯规格	棒料 ϕ35mm 圆棒料		设备型号	
工序号	工序名称	工步号	工步内容	切削参数			刀具准备	
				n/(r/min)	a_p/mm	v_f/(mm/r)	刀具类型	刀位号
1	备料		ϕ35mm 长圆棒料					
2	车	1	车工件右端面	800		手轮控制	35°外圆粗车刀	T02
		2	粗车 Sϕ28 的球头面、R25 圆弧面、ϕ26mm 外圆面及 ϕ14mm 外圆面	800	1	0.2	35°外圆粗车刀	T02
		3	精车 Sϕ28 的球头面、R25 圆弧面、ϕ26mm 外圆面及 ϕ14mm 外圆面至公差尺寸要求	1200	0.5	0.1	35°外圆精车刀	T01
		4	切(7×1)mm 退刀槽及 C1 倒角	500	4	0.05	4mm 切断刀	T03
		5	切断,保证总长 79mm	500	4	0.05	4mm 切断刀	T03

表 7-7 数控加工刀具卡片

产品名称或代号				零件名称	手柄	零件图号	SC-3
序号	刀具号	偏置号	刀具名称及规格	材质	数量	刀尖半径	假想刀尖
1	01	01	35°右偏外圆车刀	硬质合金	1	0.4	3
2	02	02	35°右偏外圆车刀	硬质合金	1	0.8	3
3	03	03	4mm 切断车刀	硬质合金	1	—	—

2）编写手柄的加工程序

以沈阳数控车床 CAK4085（FANUC Series Oi Mate-TC 系统）为例，编写加工程序，如表 7-8 所示。

表 7-8 手柄加工程序卡片

编程思路说明	顺序号	程序内容
程序号		O7002;
调用 2 号粗车外圆车刀及 2 号刀补，快速定位至安全点	N10	G99 G00 X100 Z100 T0202;
主轴正转启动	N20	M03 S800;
快速接近循环点	N30	G00 X31 Z3;
粗车复合循环指令 G73	N40	G73 U15 W0 R15;
	N50	G73 P60 Q130 U0.5 W0 F0.2;
精加工程序段	N60	G00 X0;
	N70	G01 Z0 F0.1;
	N80	G03 X23.39 Z-21.7 R14;
	N90	G02 X26 Z-51 R25;
	N100	G01 Z-57;
	N110	X14 W-7;
	N120	Z-84;
	N130	X31;
退刀至安全区域，主轴停止	N140	G00 X100 Z100 M05;
程序暂停	N150	M00;
调用 1 号精车外圆车刀及 1 号刀补	N160	T0101;
精车转速	N170	M03 S1200;
快速接近循环点，刀尖半径右补偿	N180	G00 X41 Z3 G42;
精车循环	N190	G70 P60 Q130;
快速定位至安全点，取消刀尖半径补偿，主轴停止	N200	G40 G00 X100 Z100 M05;
程序暂停	N210	M00;
调用 3 号切断刀及 3 号刀补	N220	T0303;
主轴正转，转速 500r/min	N230	M03 S500;
快速接近切槽定位点	N240	G00 X27 Z-64;
切槽	N250	G01 X12 F0.05;
	N260	G00 X27;
	N270	W3;
	N280	G01 X12 F0.05;
	N290	W-3;
C1 倒角	N300	G00 X18;
	N310	Z-83
	N320	G01 X12 F0.05;
	N330	G00 X15;
	N340	W1;
	N350	G01 X14 F0.05;
	N360	X12 W-1;
切断	N370	G01 X0 F0.05;
快速退刀至安全点，主轴停止	N380	G00 X100;
	N390	Z100 M05;
程序结束	N400	M30;

4. 加工手柄

手柄的加工过程如表 7-9 所示。

表 7-9　手柄的加工过程

序号	加工步骤	工艺简图	使用刀具	使用量具	加工方式	操作要点	本环节产生的生产垃圾	垃圾分类处理
1	备料：φ40mm长圆棒料	φ35	—		—	—	手套	其他垃圾
2	车工件右端面	φ35 95 三爪卡盘卡爪			手动	夹持毛坯外圆，伸出长度 95mm，车右端面		
3	粗车 Sφ28 的球头面、R25 圆弧面、φ26mm 外圆面及 φ14mm 外圆面	Sφ28.5 R25 φ26.5 φ14.5 51 57 84 20 三爪卡盘卡爪			自动	游标卡尺检测各外圆是否有 0.5mm 余量	铝屑	可回收物
4	精车 Sφ28 的球头面、R25 圆弧面、φ26mm 外圆面及 φ14mm 外圆面至公差尺寸要求	Sφ28±0.04 R25 φ26 $^{0}_{-0.033}$ φ14 $^{0}_{-0.03}$ 51 57 84 20 三爪卡盘卡爪			自动	外径千分尺检测 Sφ28 的球头面、φ26mm 和 φ14mm 外圆，如尺寸偏大，则应在刀具补偿处把多余余量的直径余量减去后，再次精车，直至符合尺寸要求		

续表

序号	加工步骤	工艺简图	使用刀具	使用量具	加工方式	操作要点	本环节产生的生产垃圾	垃圾分类处理
5	切(7×1)mm槽及C1倒角	三爪卡盘卡爪　C1　7×1			自动	游标卡尺检测槽(7×1)mm是否符合要求	铝屑	可回收物
6	切断,保证总长(79±0.1)mm	三爪卡盘卡爪　22　79±0.1			自动	保证总长(79±0.1)mm		
7	设备保养	—			—	整理工作台物品,清洁数控车床并上油保养,清扫实训场地		有害垃圾

学习评价

1. 学习过程评价

请你根据本次任务学习过程中的实际情况，在表 7-10 中对自己及学习小组进行评价。

表 7-10　学习过程评价表

学习小组：_____　　　　姓名：_____　　　　评价日期：_____

评价人	评价内容	评价等级			情况说明
自我评价	能否按 5S 要求规范着装	能 □	不确定 □	不能 □	
	能否针对学习内容主动与其他同学进行沟通	能 □	不确定 □	不能 □	
	是否能叙述手柄零件的加工工艺过程	能 □	不确定 □	不能 □	
	能否正确编写手柄零件的加工程序	能 □	不确定 □	不能 □	
	能否规范使用工具、量具、刀具加工零件	能 □	不确定 □	不能 □	
	你自己加工的手柄零件的完成情况如何	按图纸要求完成 □ 基本完成 □　没有完成 □			
	能否独立且正确检测零件尺寸	能 □	不确定 □	不能 □	
小组评价	小组所使用的工具、量具、刀具能否按 5S 要求摆放	能 □	不确定 □	不能 □	
	小组组员之间团结协作、沟通情况如何	好 □	一般 □	差 □	
	小组所有成员是否都完成手柄的加工	能 □	不能 □		
教师评价	学生个人在小组中的学习情况	积极 □　　懒散 □ 技术强 □　技术一般 □			
	学习小组在学习活动中的表现情况	好 □	一般 □	差 □	

2. 专业技能评价

请参照零件图 7-2，使用游标卡尺、千分尺、R 规等量具，分别对自己与组员加工的手柄零件进行检测，并把检测结果填写在表 7-11 中。

表 7-11　手柄零件质量检测表

序号	检测项目	配分	评分标准	自检结果	得分	互检结果	得分
1	$S\phi28\pm0.04$mm	18	符合要求得分				
2	$\phi26_{-0.033}^{0}$mm	18	符合要求得分				
3	$\phi14_{-0.03}^{0}$mm	18	符合要求得分				
4	79 ± 0.1mm	12	符合要求得分				
5	22mm	6	符合要求得分				
6	槽(7×1)mm	6	符合要求得分				
7	R25 圆弧面	6	符合要求得分				
8	C1 倒角 1 处	4	符合要求得分				
9	$Ra1.6\mu$m 2 处	8	每处降一级扣 2 分				
10	$Ra3.2\mu$m 1 处	4	每处降一级扣 2 分				
	合　　计	100					

练习与作业

1. 课堂练习

1）填空题

（1）数控车床加工精度要求不高的成形面一般可选用_____车刀。

（2）数控车床加工圆弧面零件常用刀具主要有_____、_____两类。

（3）圆弧面的加工主要有_____、_____、_____三种方法。

（4）使刀具从圆弧起点,沿圆弧移动到圆弧终点时,顺时针圆弧插补为_____,逆时针圆弧插补为_____。

（5）刀补取消指令是_____,刀尖圆弧半径右补偿指令是_____。

（6）G73 指令中用毛坯的直径减去零件轮廓处的最小直径除以 2 所得结果取整表示的参数是_____。

2）判断题

（1）数控车床加工圆弧面,车刀主副偏角应足够大,否则会发生干涉现象。　（　）

（2）同心圆分层切削法一般用于 G72 指令完成加工。　（　）

（3）车床上刀尖圆弧只有在加工圆弧时才产生加工误差。　（　）

（4）数控车床中常用的两种插补功能是直线插补和圆弧插补。　（　）

（5）加工精度较高的圆弧面时,尽量使精车余量均匀。　（　）

（6）加工圆弧时,要注意防止刀具干涉。　（　）

（7）圆弧形车刀用于切削内、外表面,特别适宜于车削各种光滑连接的成形面。（　）

（8）G73 指令可以车削固定的形状,通常用于车削铸造成型、锻造成型或已粗车成型的零件,以及带有凹面形状的零件的粗车加工。　（　）

3）选择题

（1）数控车床中用不同半径的圆切除毛坯余量的加工方法称为（　）。

　　A. 同心圆分层切削法　　　　　　　　B. 切槽法

　　C. 车锥法　　　　　　　　　　　　　D. 偏移法

（2）G02 指令编程格式正确的是（　）。

　　A. G02 X_ Z_ F_;　　　　　　　　B. G02 U_ Z_ R_;

　　C. G02 U_ W_ F_;　　　　　　　　D. G02 X_ W_ F_;

（3）圆弧插补 G03 X_ Z_ R_ 中,X_ Z_坐标说法正确的是（　）。

　　A. X、Z 为圆弧的绝对坐标值　　　　　B. X、Z 为圆弧的终点坐标值

　　C. X、Z 为圆弧的起点坐标值　　　　　D. X、Z 为圆弧的相对坐标值

（4）阶梯法车削圆弧时,采用等半径圆弧递进切削,运用于粗车复合循环（　）指令。

　　A. G71　　　　　B. G72　　　　　C. G73　　　　　D. G74

（5）（多选题）圆弧是成形面零件上常见的曲线轮廓,包括（　）。

　　A. 凹圆弧　　　　　　　　　　　　　B. 不规则圆弧

　　C. 凸圆弧　　　　　　　　　　　　　D. 线性圆弧

(6) (多选题)圆弧插补指令包括(　　　)。

    A. G01　　　　　　　B. G02　　　　　　　C. G03　　　　　　　D. G04

4) 思考题

(1) 简述 G73 指令中的 U 和 R 与 G71 指令中相应参数值的区别。

(2) 简述圆弧面车削加工刀具如何选择。

2. 课后作业

请你结合本次任务的学习情况,在课后撰写学习报告,并上传至线上学习平台。学习报告内容要求如下。

(1) 绘制一张本次任务所学知识和技能的思维导图。

(2) 总结自己或者小组在学习过程中出现的问题以及解决方法。

(3) 撰写学习心得与反思。

生产任务工单

任务名称		使用设备		加 工 要 求	
零件图号		加工数量			
下单时间		接单小组			
要求完成时间		责任人			
实际完成时间		生产人员			
产品质量检测记录					
检 测 项 目		自 检 结 果		质检员检测结果	
1	零件完整性				
2	零件关键尺寸不合格数目				
3	零件表面质量				
4	是否符合装配要求				
零件质量最终检测结果及处理意见					
验收人		存放地点		验收日期	

螺栓的加工

螺栓实物图

螺栓的
加工视频

学习内容

螺栓的加工

1. 编程知识准备 —— 螺纹的数控车削工艺
常用编程指令G32、G92、G76

2. 制订工艺路线

3. 编写加工程序

4. 加工螺栓零件

5. 学习评价

6. 练习与作业

7. 填写任务工单

学习目标

◇ **知识目标**

(1) 识读螺栓的零件图样,清楚其加工要素。

(2) 知道螺纹的数控车削工艺。

(3) 清楚 G32、G92、G76 指令的编程格式及指令用途。

◇ **技能目标**

(1) 能正确使用 G32、G92、G76 指令编写程序。

(2) 能根据零件的加工要求制订螺栓的加工工艺。

(3) 能在教师的指导下正确编写螺栓的加工程序。

(4) 能选择合适的刀具加工螺栓零件。

(5) 能正确选用量具测量螺栓零件尺寸。

◇ **素质目标**

(1) 在制订螺栓加工计划阶段,通过小组协商学习,能正确选择毛坯、工量刀具等加工材料。

(2) 能和小组成员协商,共同完成螺栓加工流程的制订、程序编制等学习任务。

(3) 能厘清不同螺纹编程指令的异同和使用范围。

(4) 在螺栓的加工过程中,能对出现的问题提出解决意见。

◇ **核心素养目标**

(1) 能正确选用螺纹环规对螺纹进行检测,清楚螺纹是否合格并提出改进意见,培养精益求精的工匠精神。

(2) 实操过程中能严格按照安全文明生产要求规范操作,培养安全文明生产意识。

(3) 积极参与小组合作学习,对小组学习过程中遇到的问题能共同分析并提出解决意见,具备团队合作精神。

(4) 节约学习资源,对学习过程中产生的废铝屑、余料等各类生产废料能正确分类并按要求投放,具备环保意识。

课前思政小故事

（扫描可观看）

任务描述

螺栓是常用的机械零件,是与螺母配合使用的圆柱形带螺纹的紧固件。由头部和螺杆(带有外螺纹的圆柱体)两部分组成,通常用于紧固连接两个带有通孔的零件。

现有企业订单,要求对螺栓样件进行数控车削加工。零件图样如图 8-1 所示。

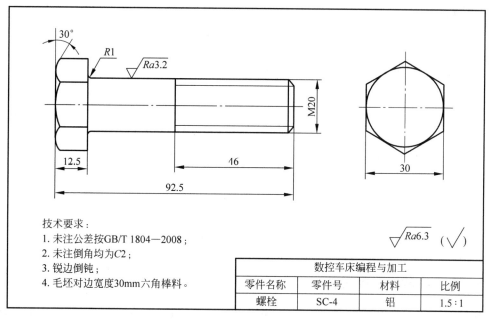

技术要求:
1. 未注公差按GB/T 1804—2008;
2. 未注倒角均为C2;
3. 锐边倒钝;
4. 毛坯对边宽度30mm六角棒料。

$\sqrt{Ra6.3}$ ($\sqrt{}$)

数控车床编程与加工			
零件名称	零件号	材料	比例
螺栓	SC-4	铝	1.5∶1

图 8-1　螺栓零件图

任务分析

1. 制订工作计划

利用数控车削技能完成螺栓的制作,分别需要完成选择毛坯材料,选取工具、量具、刀具,制订加工工艺,编写加工程序,加工零件,质量检测,5S 现场作业,填写生产任务工单八项内容,请完善表 8-1 工作计划表中的相关内容。

表 8-1　螺栓工作计划

姓名		工位号	
序号	任 务 内 容	计划用时	完成时间
1	选择毛坯材料		
2	选取工具、量具、刀具		
3	制订加工工艺		
4	编写加工程序		
5	加工零件		
6	质量检测		
7	5S 现场作业		
8	填写生产任务工单		

2. 选取加工设备及物料

请根据螺栓的零件图及工作计划,选取加工螺栓零件所需要的毛坯、数控设备、刀具、量具等,填写在表8-2中。

表 8-2   加工螺栓的设备及物料

序号	名 称	规格型号	数 量	备 注

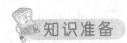 知识准备

1. 螺纹的数控车削工艺

螺纹的加工方法很多,大规模生产直径较小的三角形螺纹,常采用滚丝、搓丝或轧丝的方法,对数量较少或批量不大的螺纹工件常采用切削的方法。螺纹切削一般指用成形刀具或磨具在工件上加工螺纹的方法,主要有车削、铣削、攻丝、套丝、磨削、研磨和旋风切削等。车削、铣削和磨削螺纹时,工件每转一转,机床的传动链保证车刀、铣刀或砂轮沿工件轴向准确且均匀地移动一个导程。

1)螺纹车削加工的尺寸分析

(1)车削外螺纹时,需要先计算出实际车削的外圆柱面直径 $d_{计}$ 以及螺纹的实际小径 $d_{1计}$。

例:车削 M30×2 的外螺纹,材料为 45 钢,试计算实际车削时的外圆柱面直径 $d_{计}$ 及螺纹实际小径 $d_{1计}$。

车削螺纹时,零件材料因受车刀挤压而使外径胀大,因此螺纹部分的零件外径应比螺纹的公称直径小 0.2~0.4mm,一般取 $d_{计}=d-0.1P$(P 为螺距),即

$$外圆柱面直径\ d_{计}=d-0.1P=30-0.1\times2=29.8(\text{mm})$$

在实际生产中,为计算方便,不考虑螺纹车刀刀尖半径 r 的影响,一般取螺纹实际牙型高度 $H_{实}=0.6495P$,常取 $H_{实}=0.65P$,则螺纹实际小径:

$$d_{1计}=d-2H_{实}=d-1.3P=30-1.3\times2=27.4(\text{mm})$$

(2)内螺纹的底孔直径 $D_{1计}$ 的确定。

车削内螺纹时,需要计算实际车削时内螺纹底孔的直径 $D_{1计}$。

由于车刀车削时的挤压作用,内孔直径会缩小,所以车削内螺纹的底孔直径应大于外螺纹的小径。实际车削时内螺纹的底孔直径可通过以下公式计算。

钢和塑性材料:

$$D_{1计}=D-P$$

铸铁和脆性材料:

$$D_{1计}=D-(1.05\sim1.1)P$$

例：车削 M24×1.5 的内螺纹,材料为 45 钢,试计算实际车削时内螺纹的底孔直径 $D_{1计}$。

$$D_{1计}=D-P=24-1.5=22.5(\text{mm})$$

（3）螺纹起点和螺纹终点轴向尺寸的确定。

由于车削螺纹起始需要一个加速过程,结束前有一个减速过程,因此车螺纹时,两端必须设置足够的升速切入段 δ_1 和减速切出段 δ_2。一般情况下取升速切入段 $\delta_1=2P$,减速切出段 $\delta_2=P$。

注意在空走刀行程阶段,车刀不要与工件发生干涉,有退刀槽的工件,减速切出段 δ_2 的长度要小于退刀槽的宽度,如图 8-2 所示。

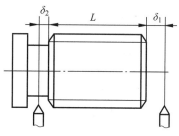

图 8-2　螺纹的起点和终点

2）螺纹车削切削用量的选用

（1）主轴转速 n

在数控车床上加工螺纹,主轴转速受数控系统、螺纹导程、刀具、零件尺寸和材料等多种因素的影响。不同的数控系统有不同的推荐主轴转速范围,操作者在仔细查阅说明书后,可根据实际情况选用。大多数经济型数控车床车削螺纹时,推荐主轴转速为

$$n\leqslant\frac{1200}{P}-K$$

式中：P 为零件的螺距,单位为 mm；K 为保险系数,一般取 80；n 为主轴转速,单位为 r/min。

例：加工 M30×2 普通外螺纹时,求主轴转速 n。

$$n\leqslant\frac{1200}{P}-K=\frac{1200}{2}-80=520(\text{r/min})$$

考虑零件材料、刀具等因素,取 $n=400\sim500\text{r/min}$。

（2）背吃刀量 a_p

① 进刀方法的选择。

在数控车床上加工螺纹时的进刀方法通常有直进法和斜进法。当螺距 $P<3\text{mm}$ 时,一般采用直进法；当螺距 $P\geqslant3\text{mm}$ 时,一般采用斜进法,如图 8-3 所示。

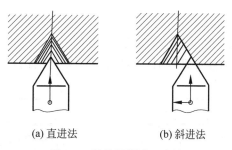

(a) 直进法　　　　　(b) 斜进法

图 8-3　螺纹切削进刀方法

② 背吃刀量 a_p 的选用与分配。

车削螺纹时,应遵循后一刀的切削深度 a_p 不能超过前一刀切削深度的原则,即递减的切削深度分配方式,否则会因切削面积的增加、切削力过大而损坏刀具。但为了提高螺纹的表面粗糙度,用硬质合金螺纹车刀时,最后一刀的背吃刀量应尽可能小于 0.1mm。常用螺纹加工走刀次数与分层切削余量可参阅表 8-3。

表 8-3　常用螺纹加工走刀次数与分层切削余量　　　　单位：mm

公 制 螺 纹								
螺距		1.0	1.5	2.0	2.5	3.0	3.5	4.0
牙深		0.65	0.975	1.3	1.625	1.95	2.275	2.6
切深		1.3	1.95	2.6	3.25	3.9	4.55	5.2
走刀次数及切削余量	1 次	0.7	0.8	0.9	1.0	1.2	1.5	1.5
	2 次	0.4	0.5	0.6	0.7	0.7	0.7	0.8
	3 次	0.2	0.5	0.6	0.6	0.6	0.6	0.6
	4 次		0.15	0.4	0.4	0.4	0.6	0.6
	5 次			0.1	0.4	0.4	0.4	0.4
	6 次				0.15	0.4	0.4	0.4
	7 次					0.2	0.2	0.4
	8 次						0.15	0.3
	9 次							0.2

（3）进给量 f

单线螺纹的进给量等于螺距，即 $f = P$。多线螺纹的进给量等于导程，即 $f = L$。

2. 常用编程指令

1）单行程螺纹切削指令 G32

G32 指令可加工固定导程的圆柱螺纹或圆锥螺纹，也可用于加工端面螺纹。

（1）指令格式

G32 X(U)_ Z(W)_ F_ ;

其中，X、Z 为螺纹编程终点的 X、Z 方向坐标，X 为直径值；U、W 为螺纹编程终点相对编程起点的 X、Z 方向相对坐标，U 为直径值；F 为螺纹导程，即加工螺纹时的进给量 f。

（2）指令说明

① G32 进刀方式为直进式。

② 螺纹切削时不能用主轴线速度恒定指令 G96。

③ 切削 α 在 45°以下的圆锥螺纹时，螺纹导程以 Z 方向制订，如图 8-4 所示。

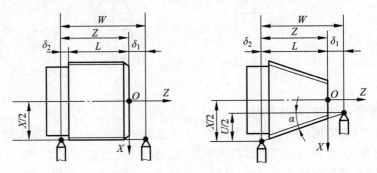

图 8-4　单行程螺纹切削指令 G32

（3）编程实例

如图 8-5 所示,用 G32 指令编写 M30×2 外螺纹的加工程序。其中,螺纹外径已车至 ϕ29.8mm,退刀槽(4×2)mm 已加工,零件材料为 45 钢。

① 螺纹加工尺寸计算

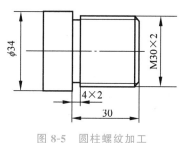

实际车削时外圆柱面的直径 $d_{计} = d - 0.1P = 30 - 0.1 \times 2 = 29.8$(mm)。

螺纹实际牙型高度 $H_{1实} = 0.65P = 0.65 \times 2 = 1.3$(mm)。

螺纹实际小径 $d_{1计} = d - 1.3P = 30 - 1.3 \times 2 = 27.4$(mm)。

图 8-5　圆柱螺纹加工

升速进刀段和减速退刀段分别取 $\delta_1 = 4$mm,$\delta_2 = 2$mm。

② 定切削用量

查表 8-3 得直径切深为 2.6mm,分 5 刀切削,分别为 0.9mm、0.6mm、0.6mm、0.4mm 和 0.1mm。

主轴转速 $n \leqslant \dfrac{1200}{P} - K = \dfrac{1200}{2} - 80 = 520$(r/min)。为了保障加工安全,初学者可选用较小转速,取 $n = 400$r/min。

进给量 $f = P = 2$mm。

③ 参考程序

参考程序见表 8-4。

表 8-4　用 G32 指令加工圆柱螺纹的参考程序

顺序号	程　　序	说　　明
	O8001;	程序号
N10	G00 X100 Z100 T0404;	调用 4 号车刀及 4 号刀补,快速定位至安全点
N20	M03 S400;	主轴正转启动
N30	G00 X32 Z4;	快速接近螺纹加工起点
N40	X29.1;	切削第一刀定位,直径切深 0.9mm
N50	G32 Z-28 F2;	螺纹车削第一刀,螺距为 2mm
N60	G00 X32;	X 向退刀
N70	Z4;	Z 向退刀
N80	X28.5;	切削第二刀定位,直径切深 0.6mm
N90	G32 Z-28 F2;	螺纹车削第二刀,螺距为 2mm
N100	G00 X32;	X 向退刀
N110	Z4;	Z 向退刀
N120	X27.9;	切削第三刀定位,直径切深 0.6mm
N130	G32 Z-28 F2;	螺纹车削第三刀,螺距为 2mm
N140	G00 X32;	X 向退刀
N150	Z4;	Z 向退刀
N160	X27.5;	切削第四刀定位,直径切深 0.4mm

顺序号	程　序	说　明
N170	G32 Z-28 F2；	螺纹车削第四刀,螺距为 2mm
N180	G00 X32；	X 向退刀
N190	Z4；	Z 向退刀
N200	X27.4；	切削第五刀定位,直径切深 0.1mm
N210	G32 Z-28 F2；	螺纹车削第五刀,螺距为 2mm
N220	G00 X32；	X 向退刀
N230	Z4；	Z 向退刀
N240	X27.4；	光整加工定位,切深为 0mm
N250	G32 Z-28 F2；	光整加工,螺距为 2mm
N260	G00 X100；	X 向退刀
N270	Z100 M05；	Z 向退刀返回换刀点,主轴停止
N280	M30；	程序结束

2）螺纹切削循环指令 G92

G92 指令用于单一循环加工螺纹,其循环路线与单一形状固定循环基本相同。

（1）指令格式

G92 X(U)＿ Z(W)＿ R＿F＿;

（2）指令说明

程序指令中,X、Z 为螺纹编程终点的绝对坐标,X 为直径值;U、W 为螺纹编程终点相对编程起点的 X、Z 方向相对坐标,U 为直径值;F 为螺纹导程;R 为圆锥螺纹起点半径与终点半径的差值。圆锥螺纹终点半径大于起点半径时 R 为负值;圆锥螺纹终点半径小于起点半径时 R 为正值;圆柱螺纹 R 为 0,可省略。螺纹切削循环指令 G92 如图 8-6 所示。

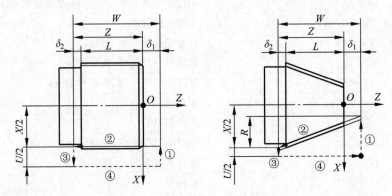

图 8-6　螺纹切削循环指令 G92

（3）编程实例

用 G92 编制图 8-6 所示 M30×2 外螺纹的加工程序。其中,螺纹外径已车至 ϕ29.8mm,退刀槽（4×2）mm 已加工,零件材料为 45 钢。螺纹加工尺寸计算、切削量不变,参考程序见表 8-5。

表 8-5　用 G92 指令加工圆柱螺纹参考程序

顺序号	程　序	说　明
	O8002;	程序号
N10	G00 X100 Z100 T0404;	调用 4 号车刀及 4 号刀补,快速定位至安全点
N20	M03 S400;	主轴正转启动
N30	G00 X32 Z4;	快速接近螺纹加工起点
N40	G92 X29.1 Z-28 F2;	螺纹车削第一刀,切深 0.9mm,螺距为 2mm
N50	X28.5;	进第二刀,切深 0.6mm
N60	X27.9;	进第三刀,切深 0.6mm
N70	X27.5;	进第四刀,切深 0.4mm
N80	X27.4;	进第五刀,切深 0.1mm
N90	X27.4;	光切一刀,切深为 0mm
N100	G00 X100 Z100 M05;	返回换刀点,主轴停止
N110	M30;	程序结束

　　3) 螺纹切削复合循环指令 G76

　　G76 指令用于多次自动循环切削螺纹,经常用于加工不带退刀槽的圆柱螺纹和圆锥螺纹。

　　(1) 指令格式

G76 P(m)(r)(a) Q(Δd_{min}) R(d);
G76 X(U)__ Z(W)__R(i) P(k) Q(Δd) F(L);

　　(2) 指令说明

　　m:精车重复次数,为 1~99,该参数为模态量。

　　r:螺纹尾端倒角值,该值的大小可设置为 0.0L~9.9L,系数应为 0.1 的整数倍,用 00~99 的两位整数表示,其中 L 为导程。该参数为模态量。

　　a:刀具角度,可从 80°、60°、55°、30°、29° 和 0° 六个角度中选择,用两位整数表示。该参数为模态量。

　　m、r 和 a 用地址 P 同时指定,例如,m=2,r=1.2L,a=60°,表示为 P021260。

　　Δd_{min}:最小车削深度,用半径编程指定,单位为 μm。车削过程中每次的车削深度为 $\Delta d\sqrt{n}-\Delta d\sqrt{n-1}$,当计算深度小于这个极限值时,车削深度锁定在这个值。该参数为模态量。

　　d:精车余量,用半径编程指定,单位为 μm 或 mm(由参数 No.5141 设定)。该参数为模态量。

　　X(U)、Z(W):螺纹终点坐标。

　　i:螺纹锥度值,用半径编程指定。如果 R=0 则为直螺纹。

　　k:螺纹高度,用半径编程指定,单位为 μm。

　　Δd:第一次车削深度,用半径编程指定,单位为 μm。

　　L:导程。

在上述指令中，Q、R、P 地址后的数值应以无小数点形式表示。

G76 指令的进刀轨迹及各参数如图 8-7 所示。

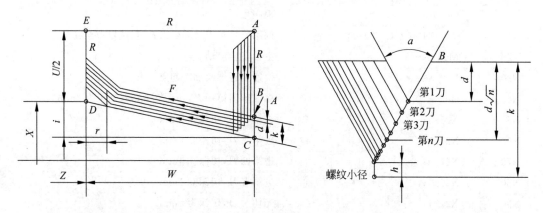

图 8-7 螺纹切削复合循环指令 G76 进刀轨迹

（3）编程实例

用 G76 编制图 8-5 所示 M30×2 外螺纹的加工程序。其中，螺纹外径已车至 ϕ29.8mm，退刀槽（4×2）mm 已加工，零件材料为 45 钢。螺纹加工尺寸计算、切削量不变，还需计算以下参数。

精车重复次数 $m=2$，螺纹尾倒角量 r 为 0，刀尖角度 $a=60°$，表示为 P020060。

最小车削深度 $\Delta d_{min}=0.1$mm，表示为 Q100。

精车余量 $d=0.05$mm，表示为 R50。

螺纹终点坐标 $X=27.4$，$Z=-28$。

螺纹部分的半径差 $i=0$，R0 可省略。

螺纹高度 $k=1.3$，表示为 P1300。

第一次车削深度 Δd 取 0.5mm，表示为 Q500。

导程 $L=2$，表示为 F2。

参考程序见表 8-6。

表 8-6 用 G76 指令加工圆柱螺纹参考程序

顺序号	程 序	说 明
	O8003；	程序号
N10	G00 X100 Z100 T0404；	调用 4 号车刀及 4 号刀补，快速定位至安全点
N20	M03 S400；	主轴正转启动
N30	G00 X32 Z4；	快速接近螺纹加工起点
N40	G76 P020060 Q100 R50；	螺纹车削复合循环
N50	G76 X27.4 Z-28 P1300 Q500 F2；	螺纹车削复合循环
N60	G00 X100 Z100 M05；	返回换刀点，主轴停止
N70	M30；	程序结束

1. 识读零件图样

1）图样分析

由图 8-1 可知,螺栓零件需要车削加工 M20 外螺纹大径、M20 螺纹及 C2 倒角、30°倒角、R1 圆角,其外圆柱表面粗糙度均为 $Ra3.2\mu m$,同时还需要保证长度尺寸 92.5mm、46mm 和 12.5mm。总之,螺栓零件结构简单,但需要保证 M20 的螺纹加工精度。

2）确定工件毛坯

根据图 8-1 可知,毛坯材料为铝材,毛坯采用 30mm 的六角棒料,下料后便可加工。

2. 制订工艺路线

请根据零件的加工要求,分别从表 8-7 中选择零件的工艺简图,从表 8-8 中选择零件的工步内容,按正确顺序填写在表 8-9 零件的加工工艺中,并从附录 A 和附录 B 中选择合适的刀具、量具,参考附录 C 垃圾分类操作指引,完善表 8-9 中其他的内容。

表 8-7　螺栓的工艺简图

序号	工 艺 简 图	序号	工 艺 简 图
1	三爪卡盘卡爪 R1 C2 φ20 φ19.75 46 80	4	三爪卡盘卡爪 M20 46
2	三爪卡盘卡爪 30°	5	三爪卡盘卡爪 R1 C2 φ20.5 φ20.3 46 80
3	三爪卡盘卡爪 108	6	三爪卡盘卡爪 12.5 92.5

表 8-8　螺栓的工步内容

序号	工步内容
1	车削 M20 外螺纹
2	粗车 ϕ20 外圆、M20 螺纹大径、C2 倒角和 R1 圆角
3	车工件右端面
4	掉头装夹，车削 30°倒角
5	精车 ϕ20 外圆、M20 螺纹大径、C2 倒角和 R1 圆角至公差尺寸要求
6	切断，保证总长 92.5mm

表 8-9　　　　　　　　零件的加工工艺

工艺序号	工艺简图序号	工步内容序号	加工刀具	使用量具	将产生的生产垃圾	垃圾分类

3. 编写程序

1）填写工艺卡片和刀具卡片

综合以上分析的各项内容，填写数控加工工艺卡片表 8-10 和刀具卡片表 8-11。

表 8-10　螺栓的数控加工工艺卡片

单位名称				产品型号			
				产品名称		螺栓	
零件号	SC-4	材料型号	铝	毛坯规格	棒料 30mm 六角棒料	设备型号	

工序号	工序名称	工步号	工步内容	切削参数			刀具准备	
				n/(r/min)	a_p/mm	v_f/(mm/r)	刀具类型	刀位号
1	备料		对边宽 30mm 六角长棒料					
2	车	1	车工件右端面	800		手轮控制	90°外圆粗车刀	T02
		2	粗车 ϕ20 外圆、M20 螺纹大径、C2 倒角和 R1 圆角	800	1	0.2	90°外圆粗车刀	T02
		3	精车 ϕ20 外圆、M20 螺纹大径、C2 倒角和 R1 圆角至公差尺寸要求	1200	0.5	0.1	90°外圆精车刀	T01
		4	车削 M20 外螺纹	400	0.1～0.5	2.5	60°外螺纹车刀	T03
		5	切断，保证总长 92.5mm	500	4	0.05	4mm 切断刀	T04
3	车		掉头装夹，车削 30°倒角	1200	0.5	0.1	90°外圆精车刀	T01

表 8-11　数控加工刀具卡片

产品名称或代号				零件名称	螺栓	零件图号	SC-4
序号	刀具号	偏置号	刀具名称及规格	材质	数量	刀尖半径	假想刀尖
1	01	01	90°右偏外圆车刀	硬质合金	1	0.4	
2	02	02	90°右偏外圆车刀	硬质合金	1	0.8	
3	03	03	60°外螺纹车刀	硬质合金	1		
4	04	04	4mm 切断车刀	硬质合金	1		

2）编写螺栓的加工程序

以沈阳数控车床 CAK4085（FANUC Series Oi Mate-TC 系统）为例，编写加工程序，如表 8-12 所示。

（1）螺纹加工尺寸计算

实际车削时外圆柱面的直径 $d_{计}=d-0.1P=20-0.1×2.5=19.75(\text{mm})$。

螺纹实际牙型高度 $H_{实}=0.65P=0.65×2.5=1.625(\text{mm})$。

螺纹实际小径 $d_{1计}=d-1.3P=20-1.3×2.5=16.75(\text{mm})$。

升速进刀段和减速退刀段分别取 $\delta_1=5\text{mm}$，$\delta_2=2.5\text{mm}$。

（2）确定切削用量

查表 8-3 得直径切深为 3.25mm，分 6 刀切削，分别为 1mm、0.7mm、0.6mm、0.4mm、0.4mm 和 0.15mm。

主轴转速 $n \leqslant \dfrac{1200}{P} - K = \dfrac{1200}{2.5} - 80 = 400(\text{r/min})$。

进给量 $f=P=2.5\text{mm}$。

表 8-12　螺栓加工程序卡片

编程思路说明	顺序号	程序内容
程序号		O8004；
调用 2 号粗车外圆车刀及 2 号刀补，快速定位至安全点	N10	G99 G00 X100 Z100 T0202；
主轴正转启动	N20	M03 S800；
快速接近循环点	N30	G00 X35 Z3；
粗车复合循环指令 G71	N40	G71 U1 R0.5；
	N50	G71 P60 Q130 U0.5 W0.05 F0.2；
	N60	G00 X16；
	N70	G01 Z0 F0.1；
	N80	X19.75 Z-2；
	N90	Z-46；
精加工程序段	N100	X20；
	N110	Z-79；
	N120	G02 X22 Z-80 R1；
	N130	G01 X35；
快速退刀至安全区域，主轴停止	N140	G00 X100 Z100 M05；

编程思路说明	顺序号	程 序 内 容
程序暂停	N150	M00;
调用 1 号精车外圆车刀及 1 号刀补	N160	T0101;
精车转速	N170	M03 S1200;
快速接近循环点	N180	G00 X35 Z3;
精车循环	N190	G70 P60 Q130;
快速退刀至安全区域,主轴停止	N200	G00 X100 Z100 M05;
程序暂停	N210	M00;
调用 3 号螺纹车刀及 3 号刀补	N220	T0303;
主轴正转启动,转速为 400r/min	N230	M03 S400;
快速接近螺纹加工起点	N240	G00 X22 Z5;
螺纹车削第一刀,切深 1mm,螺距为 2.5mm	N250	G92 X19 Z-46 F2.5;
进第二刀,切深 0.7mm	N260	X18.3;
进第三刀,切深 0.6mm	N270	X17.7;
进第四刀,切深 0.4mm	N280	X17.3;
进第五刀,切深 0.4mm	N290	X16.95;
进第六刀,切深 0.15mm	N300	X16.75;
光切一刀	N310	X16.75;
快速退刀至安全区域,主轴停止	N320	G00 X100 Z100 M05;
程序暂停	N330	M00;
调用 4 号切断刀及 4 号刀补	N340	T0404;
主轴正转,转速 500r/min	N350	M03 S500;
快速接近切断定位点	N360	G00 X36 Z-96.5;
切断	N370	G01 X0 F0.05;
快速退刀至安全区域,主轴停止	N380	G00 X100;
	N330	Z100 M05;
程序结束	N340	M30;
掉头后装夹加工程序名		O8005;
调用 1 号精车外圆车刀及 1 号刀补,快速定位至安全点	N10	G00 X100 Z100 T0101;
主轴正转启动	N20	M03 S1200;
快速接近工件	N30	G00 X36 Z3;
快速接近 X 方向加工起点	N40	X28;
到达加工起点	N50	G01 Z0 F0.1;
加工 30°倒角	N60	X38.4 Z-3;
快速退刀至安全点,主轴停止	N70	G00 X100 Z100 M05;
程序结束	N80	M30;

4. 加工螺栓

螺栓的加工过程如表 8-13 所示。

表 8-13　螺栓的加工过程

序号	加工步骤	工艺简图	使用刀具	使用量具	加工方式	操作要点	本环节产生的生产垃圾	垃圾分类处理
1	备料：对边宽30mm六角长棒料	30	—		—	—		其他垃圾
2	车工件右端面	108 三爪卡盘卡爪			手动	夹持毛坯外圆，伸出长度108mm，车右端面	铝屑	可回收物
3	粗车φ20外圆、M20螺纹大径、C2倒角和R1圆角	φ20.3 φ20.5 46 80 C2 R1 三爪卡盘卡爪			自动	游标卡尺检测各外圆是否有0.5mm余量		
4	精车φ20外圆、M20螺纹大径、C2倒角和R1圆角至公差尺寸要求	φ19.75 φ20 46 80 C2 R1 三爪卡盘卡爪				外径千分尺检测φ20外圆，M20螺纹大径；如尺寸偏大，则应在刀具补偿处把多余直径余量减去后，再次精车，直至符合尺寸要求		

续表

序号	加工步骤	工艺简图	使用刀具	使用量具	加工方式	操作要点	本环节产生的生产垃圾	垃圾分类处理
5	车削 M20 外螺纹					螺纹车削时,利用螺纹环规检测螺纹是否加工到位		
6	切断,保证总长 92.5mm				自动	保证总长 92.5mm	铝屑	可回收物
7	掉头装夹,车削 30°倒角					车削 30°倒角,保证加工精度和表面粗糙度		
8	设备保养	—	—	—	—	整理工作台物品,清洁数控车床并上油保养,清扫实训场地		有害垃圾

学习评价

1. 学习过程评价

请你根据本次任务学习过程中的实际情况,在表 8-14 中对自己及学习小组进行评价。

表 8-14　学习过程评价表

学习小组:＿＿＿＿＿　　　　姓名:＿＿＿＿＿　　　　评价日期:＿＿＿＿＿

评价人	评价内容	评价等级	情况说明
自我评价	能否按 5S 要求规范着装	能 □　不确定 □　不能 □	
	能否针对学习内容主动与其他同学进行沟通	能 □　不确定 □　不能 □	
	是否能叙述螺栓零件的加工工艺过程	能 □　不确定 □　不能 □	
	能否正确编写螺栓零件的加工程序	能 □　不确定 □　不能 □	
	能否规范使用工具、量具、刀具加工零件	能 □　不确定 □　不能 □	
	你自己加工的螺栓零件的完成情况如何	按图纸要求完成 □ 基本完成 □　没有完成 □	
	能否独立且正确检测零件尺寸	能 □　不确定 □　不能 □	
小组评价	小组所使用的工具、量具、刀具能否按 5S 要求摆放	能 □　不确定 □　不能 □	
	小组组员之间团结协作、沟通情况如何	好 □　一般 □　差 □	
	小组所有成员是否都能完成螺栓的加工	能 □　不能 □	
教师评价	学生个人在小组中的学习情况	积极 □　懒散 □ 技术强 □　技术一般 □	
	学习小组在学习活动中的表现情况	好 □　一般 □　差 □	

2. 专业技能评价

请参照零件图 8-2,使用游标卡尺、千分尺、螺纹环规等量具,分别对自己与组员加工的螺栓零件进行检测,并把检测结果填写在表 8-15 中。

表 8-15　螺栓零件质量检测表

序号	检测项目	配分	评分标准	自检结果	得分	互检结果	得分
1	M20 螺纹	35	符合要求得分				
2	92.5mm	15	符合要求得分				
3	46mm	15	符合要求得分				
4	12.5mm	15	符合要求得分				
5	30°倒角	5	符合要求得分				
6	C2 倒角	5	符合要求得分				
7	R1 圆角	5	符合要求得分				
8	$Ra3.2\mu m$ 1 处	5	每处降一级扣 2 分				
	合　计	100					

练习与作业

1. 课堂练习

1) 填空题

(1) 实际生产中,螺纹实际牙型高度 $H_实$ 一般取_____,螺纹实际小径 $d_{1计}$ 等于_____。

(2) 螺纹螺距 $P=1.5\text{mm}$ 时,螺纹走刀次数是_____次,分层切削余量为_____。

(3) G32 指令是_____指令,其格式中的 X(U) 是指_____,Z(W) 是指_____,F 是指_____。

(4) 车螺纹时,两端必须设置足够的升速切入段 δ_1 和减速切出段 δ_2。一般情况下取升速切入段 $\delta_1=$_____,减速切出段 $\delta_2=$_____。

(5) G32 指令可加工固定导程的_____螺纹或_____螺纹,也可用于加工_____螺纹。

2) 判断题

(1) 普通螺纹是我国应用最为广泛的一种三角形螺纹,牙型角为30°。（　　）

(2) 车螺纹时,零件材料因受车刀挤压而使外径胀大,因此螺纹部分的零件外径应比螺纹的公称直径大。（　　）

(3) 车螺纹时,必须设置升速段和降速段。（　　）

(4) 当螺距 $P<3\text{mm}$ 时,采用直进法;螺距 $P\geq3\text{mm}$ 时,采用斜进法。（　　）

(5) 螺距为3mm的普通螺纹,至少需7次走刀才能完成螺纹加工。（　　）

(6) G32 进刀方式为斜进式走刀。（　　）

(7) G92 指令中,R 为圆锥螺纹终点半径与起点半径的差值。（　　）

3) 选择题

(1) 粗牙普通螺纹螺距是标准螺距,其代号用字母 M 及公称直径表示,则 M20 的螺距是（　　）。

A. 1 　　　　　　　　　　　B. 1.5
C. 1.75 　　　　　　　　　D. 2.5

(2) 普通三角形螺纹的牙型角为（　　）,英制螺纹的牙型角为（　　）,公制梯形螺纹的牙型角为（　　）。

A. 30°、55°、60° 　　　　　B. 55°、60°、30°
C. 30°、60°、55° 　　　　　D. 60°、55°、30°

(3) 车削零件中 M30×1.5 的外螺纹,材料为45钢,实际车削时,外圆柱面的直径 d 计为（　　）mm。

A. 30 　　　　　　　　　　B. 29.85
C. 29.8 　　　　　　　　　D. 29.7

(4) 对于 G32 指令编程格式正确的是（　　）

A. G32 X_ Z_ F_; 　　　　B. G32 U_ W_ R_ F_;
C. G32 Z_ W_ F_; 　　　　D. G32 X_ U_ F_;

(5) G92 X(U)＿ Z(W)＿ R＿ F＿；编程说明正确的是( )。

    A. X、Z 为刀具目标点绝对坐标值

    B. U、W 为刀具坐标点相对于起始点的增量坐标值

    C. F 为循环切削过程中的切削速度

    D. 只能车削圆柱螺纹

(6) 螺纹量规包括螺纹环规和螺纹塞规两种，其中在螺纹环规中的"通规"上标注的字母是( )。

    A. Z   B. GO   C. T   D. NO GO

(7) 测量螺纹的螺距时，使用的工具是( )。

    A. 直钢尺   B. 螺距规   C. 游标卡尺   D. 千分尺

4）思考题

(1) 车削 M24×1.5 的外螺纹，材料为 45 钢，试确定其螺距 P、实际车削时的外圆柱面直径 $d_{计}$ 及螺纹实际小径 $d_{1计}$。

(2) 如图 8-8 所示，毛坯为 $\phi 35mm$ 的 45 钢长棒料，编写完整的圆柱螺纹加工程序。

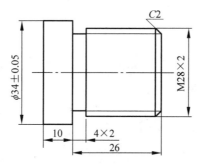

图 8-8 圆柱螺纹加工

2. 课后作业

请你结合本次任务的学习情况，在课后撰写学习报告，并上传至线上学习平台。学习报告内容要求如下。

(1) 绘制一张本次任务所学知识和技能的思维导图。

(2) 总结自己或者小组在学习过程中出现的问题以及解决方法。

(3) 撰写学习心得与反思。

生产任务工单

任务名称		使用设备		加 工 要 求	
零件图号		加工数量			
下单时间		接单小组			
要求完成时间		责任人			
实际完成时间		生产人员			
产品质量检测记录					
检测项目		自检结果		质检员检测结果	
1	零件完整性				
2	零件关键尺寸不合格数目				
3	零件表面质量				
4	是否符合装配要求				
零件质量最终检测结果及处理意见					
验收人		存放地点		验收日期	

轴套的加工

轴套实物图

轴套的
加工视频

学习内容

```
                              内孔的数控车削工艺
              1. 知识准备     内沟槽的数控车削工艺
                              常用编程指令G90、G71在内孔车削的编程应用

              2. 制订工艺路线

    轴
    套        3. 编写加工程序
    的
    加        4. 加工轴套零件
    工
              5. 学习评价

              6. 练习与作业

              7. 填写任务工单
```

 学习目标

◇ **知识目标**

(1) 识读轴套的零件图样,清楚其加工要素。

(2) 知道内孔的数控车削工艺。

(3) 知道内沟槽的数控车削工艺。

(4) 清楚 G90、G71 指令在内孔车削的编程格式及指令用途。

◇ **技能目标**

(1) 能正确使用 G90、G71 指令编写内孔加工程序。

(2) 能根据零件的加工要求制订轴套的加工工艺。

(3) 能在教师的指导下正确编写轴套的加工程序。

(4) 能选择合适的刀具加工轴套零件。

(5) 能正确选用量具测量轴套零件尺寸。

◇ **素质目标**

(1) 在轴套钻孔加工阶段,能独立选择钻孔工具及规划钻孔方案。

(2) 清楚轴套的加工流程,在教师指导下,能与小组同学团结协作学习、规范操作。

(3) 能正确选择内沟槽加工刀具,并能正确分辨外槽刀和内槽刀。

(4) 能根据内孔测量要求,正确选择内测千分尺。

◇ **核心素养目标**

(1) 能正确选用内测千分尺等精密量具精确检测零件,清楚零件的质量并提出改进意见,具备精益求精的工匠精神。

(2) 实操过程能严格按照文明安全生产要求规范操作,并能对不规范的行为提出规劝,具备文明安全生产意识。

(3) 积极参与小组合作学习,对小组学习过程中遇到的问题能共同分析并提出解决方案,具备团队合作精神。

(4) 能按时独立完成自己的零件加工任务,具备良好的职业意识。

📖 课前思政小故事

(扫描可观看)

 任务描述

轴套是套在转轴上的筒状机械零件,是滑动轴承的一个组成部分,其主要作用是:①减少轴和支座的磨损;②固定位置;③承滑;④散热;⑤减少摩擦。

现有企业订单,要求对轴套样件进行数控车削加工。零件图样如图 9-1 所示。

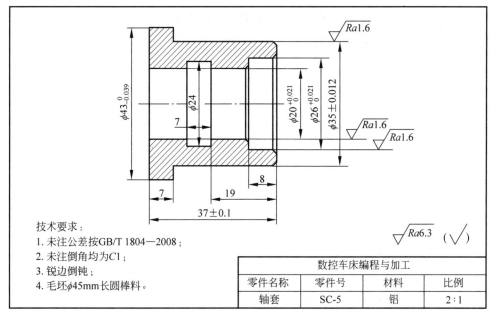

技术要求：
1. 未注公差按GB/T 1804—2008；
2. 未注倒角均为C1；
3. 锐边倒钝；
4. 毛坯φ45mm长圆棒料。

数控车床编程与加工			
零件名称	零件号	材料	比例
轴套	SC-5	铝	2∶1

图 9-1　轴套零件图

 任务分析

1. 制订工作计划

利用数控车削技能完成轴套的制作，分别需要完成选择毛坯材料，选取工具、量具、刀具，制订加工工艺，编写加工程序，加工零件，质量检测，5S 现场作业，填写生产任务工单八项内容，请完善表 9-1 工作计划表中的相关内容。

表 9-1　轴套工作计划

姓名		工位号	
序号	任 务 内 容	计划用时	完成时间
1	选择毛坯材料		
2	选取工具、量具、刀具		
3	制订加工工艺		
4	编写加工程序		
5	加工零件		
6	质量检测		
7	5S 现场作业		
8	填写生产任务工单		

2. 选取加工设备及物料

请根据轴套的零件图及工作计划，选取加工轴套零件所需要毛坯、数控设备、刀具、量具等，填写在表 9-2 中。

表 9-2 　加工轴套的设备及物料

序　号	名　　　称	规格型号	数　　量	备　　注

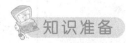知识准备

1. 内孔的数控车削工艺

内孔的车削加工根据精度、表面质量等要求,一般采用钻孔、扩孔、镗孔或铰孔等方法加工,最常用的是钻孔加工和镗孔加工。

1) 钻孔加工

对于精度要求不高的内孔,用麻花钻直接钻出,表面粗糙度值可以达到 $Ra50 \sim 12.5\mu m$。车床上钻孔一般采用麻花钻头,根据麻花钻柄部的不同结构,麻花钻又分为直柄和锥柄两种。

钻孔的注意事项如下。

(1) 钻孔前工件端面要车平,以利于钻头准确定心。

(2) 钻削直径较小的孔时,可先用中心钻钻中心孔定位,再用麻花钻钻孔,以便使加工出的孔与外圆同轴。为了保证钻孔时钻头的定心作用,钻头在刃磨时应修磨横刃。

(3) 钻削钢料时,为了不使钻头发热,应使用充足的切削液。

(4) 钻较深孔时,切屑不易排出,必须采取啄式钻孔,经常退出钻头,清除切屑和冷却钻头。

(5) 当将要钻穿通孔时,因为钻头横刃不再参加切削,阻力大大减小,所以进刀时就会觉得手轮摇起来很轻松,这时,必须减小进给量,否则会使钻头的切削刃"咬"在工件孔内,损坏钻头,或使钻头的锥柄在尾座锥孔内打滑,把锥孔和锥柄"咬毛"。

2) 镗孔加工

对于加工精度和表面质量要求较高的孔,还需使用镗孔车刀进行镗孔加工,如图 9-2 所示。镗孔可以分为粗镗、半精镗和精镗。精镗孔的尺寸精度可达 IT8～IT7,表面粗糙度 Ra 值为 $1.6\sim0.8\mu m$。镗孔时,单刃镗刀的刀头截面尺寸要小于被加工的孔径,而刀杆的长度要大于孔深,因此刀具刚性差。切削时在径向力的作用下,容易

(a) 镗孔车刀　　　　(b) 内孔车削示意

图 9-2 　内孔车削

产生变形和振动,影响镗孔的质量。因此,镗孔时多采用较小的切削用量,以减小切削力的影响。镗孔车刀安装时,应尽量增加刀杆的截面积,尽可能缩短刀杆的伸出长度(只需

要略大于孔深),以增加镗孔车刀的刚度。车削过程中,要及时排出内孔车削中的切屑,主要是控制切屑的流出方向。精车孔时应采用正刃倾角内孔车刀,以使切屑流向待加工表面。

（1）镗孔的注意事项

① 镗刀刀尖应与工件中心等高或略高(0.1～0.3mm),如果装得低于中心,由于切削抗力的作用,容易因刀柄压低而产生扎刀现象,并可能造成孔径扩大。

② 刀柄尽可能伸出短些以防止产生振动,一般比被加工孔长 5～8mm。

③ 刀柄基本平行于工件轴线,以防止车削到一定深度时刀柄后半部分碰到工件孔壁。

④ 盲孔加工安装车刀时,内偏刀的主切削刃应与孔底平面成 3°～5°,并且在车平面时要求横向有足够的退刀余地。

（2）镗孔加工时刀具的进退刀方式

镗孔时刀具的进退刀方式如图 9-3 所示。

① $A \rightarrow B$：沿 $+X$ 方向快速进刀。

② $B \rightarrow C$：刀具以指令中指定的 F 值进给切削。

③ $C \rightarrow D$：刀具沿 $-X$ 方向退刀。

④ $D \rightarrow A$：刀具沿 $+Z$ 方向快速退刀。

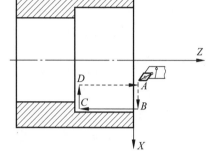

2. 内沟槽的数控车削工艺

图 9-3　刀具的进退刀方式

车沟槽的车削加工方法有三种,如图 9-4 所示。

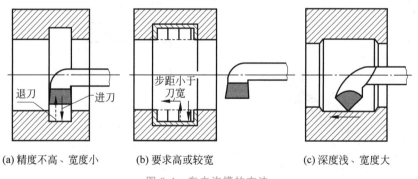

(a) 精度不高、宽度小　　(b) 要求高或较宽　　(c) 深度浅、宽度大

图 9-4　车内沟槽的方法

（1）宽度较小和精度要求不高的内沟槽,根据槽宽选用槽刀主切削刃等于槽宽,采用直进法一次车出。

（2）要求较高或较宽的内沟槽,可采用直进法分几次车出。粗车时,槽壁和槽底留精车余量,槽刀轴向移动的步距可小于槽宽宽度,然后根据槽宽、槽深进行精车。

（3）若内沟槽深度较浅,宽度很大,可用内圆车刀先车出凹槽,再用内沟槽车刀车沟槽两端垂直面。

内沟槽车刀与切断刀的几何形状相似,几何角度与切断刀基本相同,所不同的只是装夹方向相反,且在内孔中车槽,如图 9-5 所示。由于内沟槽通常与孔轴线垂直,因此要求内沟槽车刀的刀体与刀柄轴线垂直。

3. 常用编程指令

1）内径车削循环指令 G90

（1）指令格式

```
G90 X(U)_ Z(W)_ F_;
```

其中，X、Z 为刀具目标点绝对坐标值；U、W 为刀具坐标点相对于起始点的增量坐标值；F 为循环切削过程中的进给速度。

（2）指令说明

① G90 可用来车削外径，也可用来车削内径。

② G90 是模态代码，可以被同组的其他代码（G00、G01 等）取代。

③ G90 常用于长轴类零件切削（X 向切削半径小于 Z 向切削长度）。

（3）注意事项

① 在使用 G90 切削内孔时，循环起刀点一定要在底孔以内，退刀点设置在毛坯孔内，不得大于底孔的直径，否则会发生撞刀现象。

② 内孔车刀 Z 向的进刀距离不得大于所要加工内孔的深度。

③ 加工内孔时，进给速度与退刀速度不要过快，以免造成切削时产生的废屑划伤已加工表面。

（4）编程实例

编写图 9-6 所示内孔的加工程序，已经预钻 $\phi27\text{mm}$ 底孔。

图 9-5　内沟槽车刀

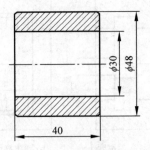

图 9-6　使用 G90 指令车削内孔

```
O9001;
G99 G00 X100 Z100 T0202;
M03 S800;
G00 X26 Z2;(起刀点设置比底孔稍小)
G90 X28 Z-41 F0.1;
X29;
X30;
G00 Z100;
G00 X100;
M05;
M30;
```

2）内孔粗车复合循环指令 G71

（1）指令格式

G71 U(Δd) R(e)
G71 P(ns) Q(nf) U(ΔU) W(ΔW) F(Δf) S(Δs) T(t)
N(ns)………
………F(f) S(s)
………
N(nf)………

（2）指令说明

Δd：X 方向进刀量（半径值指定）。

e：退刀量。

ns：精加工路线的第一个程序段段号。

nf：精加工路线的最后一个程序段段号。

ΔU：X 方向的精加工余量（直径值指定）。

ΔW：Z 方向的精加工余量。

Δf：粗车时的进给量。

Δs：粗车时的主轴转速（可省略）。

t：粗车时所用的刀具（可省略）。

f：精车时的进给量。

s：精车时的主轴转速。

（3）注意事项

车削内孔的指令与外圆车削指令基本相同，但也稍有区别，编程时应注意以下方面。

① 车复合循环指令 G71，在加工外径时余量 ΔU 为正值，在加工内轮廓时余量 ΔU 为负值。

② 加工内轮廓时，切削循环起刀点要在底孔以内。如钻孔直径为 ϕ20mm，循环起刀点 X 坐标值可以选择小于或等于 20。

③ 若在精加工时执行刀尖圆弧半径补偿指令，加工内轮廓时，半径补偿指令为 G41，刀尖方位号为 2。

④ 镗孔刀的对刀操作需在钻好内孔后才能进行，且选择镗刀杆直径要小于钻孔的大小，以免发生干涉。

（4）编程实例

编写图 9-7 所示零件的内孔加工程序，已经预钻 ϕ22mm 底孔。

O9002;
G00 X100 Z100 T0202;
M03 S800;
G00 X21 Z2;
G71 U1 R0.5;
G71 P1 Q2 U－0.5 W0.05 F0.15;
N1 G00 X36;

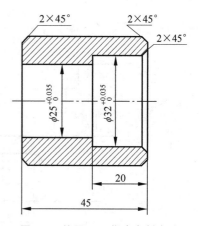

图 9-7 使用 G71 指令车削内孔

```
   G01 Z0 F0.1;
   X32 Z-2;
   Z-20;
   X25;
   Z-46;
N2 X21;
G41 G00 X21 Z2;
G70 P1 Q2;
G40 G00 X100 Z100 M05;
M30;
```

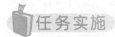
任务实施

1. 识读零件图样

1）图样分析

由图 9-1 可知，轴套零件需要车削加工 $\phi35$mm、$\phi43$mm 的外圆柱面，$\phi20$mm、$\phi26$mm 内孔，$(7\times\phi24)$mm 内沟槽，C1 倒角 3 处。其中，$\phi35$mm 外圆面及内孔表面粗糙度均为 $Ra1.6\mu$m，同时还需要保证总长(37 ± 0.1)mm。总之，轴套零件结构简单，但尺寸精度和表面粗糙度要求较高。

2）确定工件毛坯

根据图 9-1 可知，毛坯材料为铝材，毛坯采用规格为 $\phi45$mm 长圆棒料，下料后便可加工。

2. 制订工艺路线

请根据零件的加工要求，分别从表 9-3 中选择零件的工艺简图，从表 9-4 中选择零件的工步内容，按正确顺序填写在表 9-5 零件的加工工艺中，并从附录 A 和附录 B 中选择合适的刀具、量具，参考附录 C 垃圾分类操作指引，完善表 9-5 中其他的内容。

表 9-3　轴套的工艺简图

序号	工 艺 简 图	序号	工 艺 简 图
1	三爪卡盘 卡爪　$\phi19.5$　$\phi25.5$　8　38	2	三爪卡盘 卡爪　$\phi35.5$　$\phi43.5$　30　42

续表

序号	工艺简图	序号	工艺简图
3	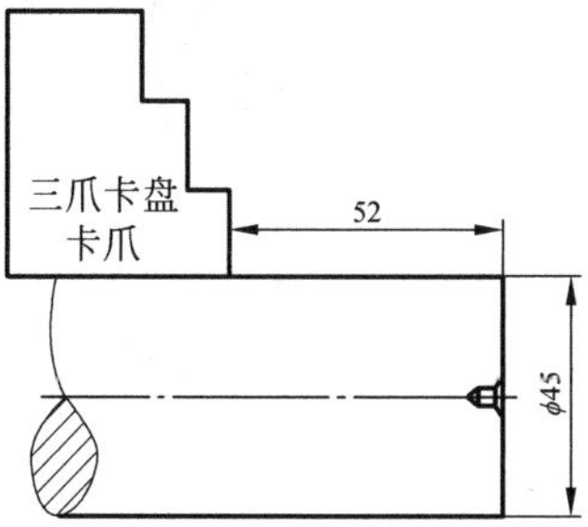 三爪卡盘 卡爪　52　φ45	6	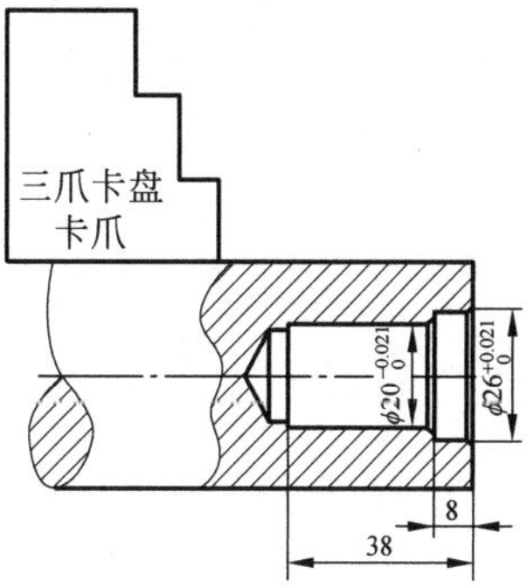 三爪卡盘 卡爪　$\phi20_{\ 0}^{+0.021}$　$\phi26_{\ 0}^{+0.021}$　38　8
4	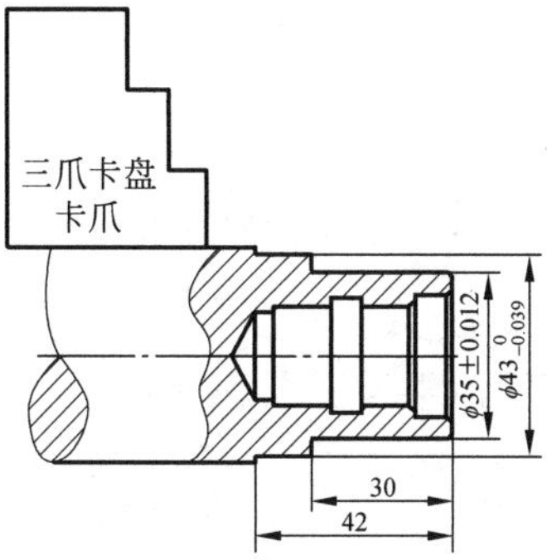 三爪卡盘 卡爪　$\phi35\pm0.012$　$\phi43_{-0.039}^{\ 0}$　30　42	7	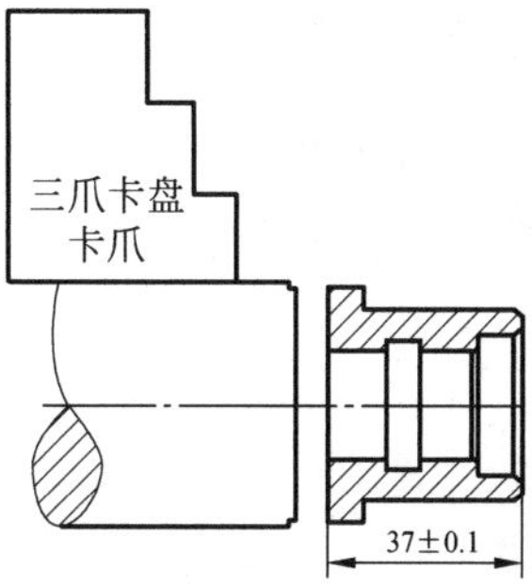 三爪卡盘 卡爪　37 ± 0.1
5	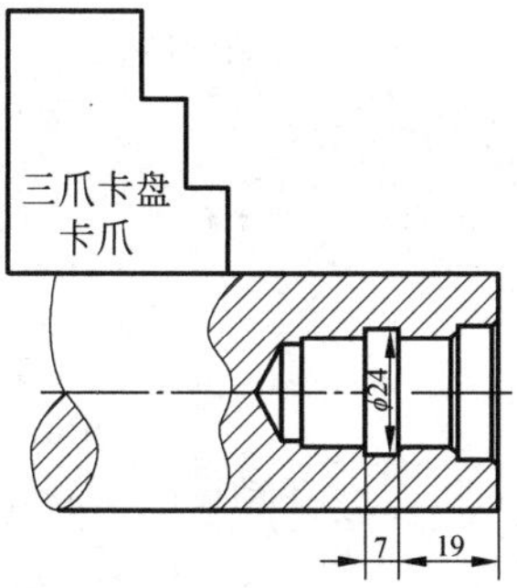 三爪卡盘 卡爪　$\phi24$　7　19	8	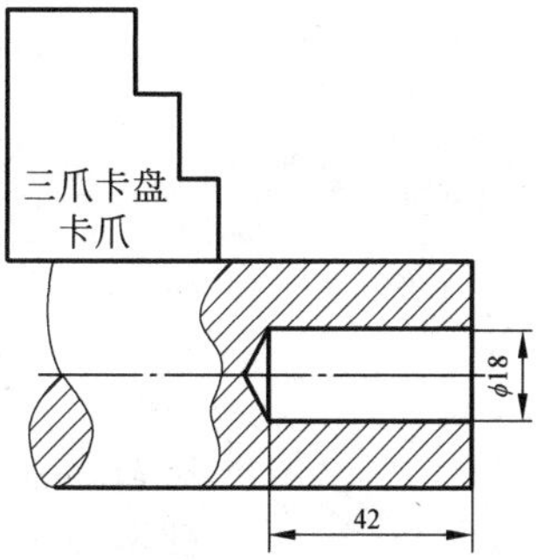 三爪卡盘 卡爪　$\phi18$　42

表 9-4　轴套的工步内容

序号	工步内容
1	钻 $\phi18$ 孔,深 42mm
2	精车 $\phi26$mm、$\phi20$mm 内孔,C1 倒角至公差尺寸要求
3	粗车 $\phi43$mm、$\phi35$mm 外圆面,C1 倒角
4	车削内沟槽($7\times\phi24$)mm
5	切断,保证总长(37 ± 0.1)mm
6	车工件右端面,钻中心孔
7	粗车 $\phi26$mm、$\phi20$mm 内孔,C1 倒角
8	精车 $\phi43$mm、$\phi35$mm 外圆面,C1 倒角至公差尺寸要求

表 9-5 _____零件的加工工艺

工艺序号	工艺简图序号	工步内容序号	加 工 刀 具	使 用 量 具	将产生的生产垃圾	垃圾分类

3. 编写程序

1）填写工艺卡片和刀具卡片

综合以上分析的各项内容，填写数控加工工艺卡片表 9-6 和刀具卡片表 9-7。

表 9-6 轴套的数控加工工艺卡片

单位名称				产品型号			
				产品名称		轴套	
零件号	SC-5	材料型号	铝	毛坯规格	棒料 ϕ45mm 圆棒料	设备型号	
工序号	工序名称	工步号	工 步 内 容	切 削 参 数		刀 具 准 备	
				$n/(\text{r/min})$	a_p/mm　$v_f/(\text{mm/r})$	刀具类型	刀位号
1	备料		ϕ45mm 长圆棒料				
2	车	1	车工件右端面,钻中心孔	800	手动操作	90°外圆车刀、中心钻	T01、尾座
		2	钻 ϕ18mm 孔,深 42mm	400	手动操作	ϕ18mm 麻花钻	尾座
		3	粗车 ϕ26mm、ϕ20mm 内孔,C1 倒角	800	1　　0.2	75°镗孔车刀	T02
		4	精车 ϕ26mm、ϕ20mm 内孔,C1 倒角至公差尺寸要求	1200	0.5　　0.1	75°镗孔车刀	T02
		5	车削内沟槽(7×ϕ24)mm	500	3　　0.05	3mm 内沟槽车刀	T03
		6	粗车 ϕ43mm、ϕ35mm 外圆面,C1 倒角	800	1　　0.2	90°外圆车刀	T01
		7	精车 ϕ43mm、ϕ35mm 外圆面,C1 倒角至公差尺寸要求	1200	0.5　　0.1	90°外圆车刀	T01
		8	切断,保证总长(37±0.1)mm	500	4　　0.05	4mm 切断刀	T04

表 9-7 数控加工刀具卡片

产品名称或代号				零件名称	轴套	零件图号	SC-5
序号	刀具号	偏置号	刀具名称及规格	材质	数量	刀尖半径	假想刀尖
1	01	01	90°右偏外圆车刀	硬质合金	1	0.4	
2	02	02	75°镗孔车刀	硬质合金	1	0.4	
3	03	03	3mm 内沟槽车刀	硬质合金	1		
4	04	04	4mm 切断车刀	硬质合金	1		
5	尾座		ϕ3mm 中心钻	高速钢			
6	尾座		ϕ18mm 麻花钻	高速钢			

2）编写轴套的加工程序

以沈阳数控车床 CAK4085（FANUC Series Oi Mate-TC 系统）为例，编写加工程序，如表 9-8 所示。

表 9-8 轴套加工程序卡片

编程思路说明	顺序号	程序内容
程序号		O9003；
调用 2 号镗孔车刀及 2 号刀补，快速定位至安全点	N10	G99 G00 X100 Z100 T0202；
主轴正转启动	N20	M03 S800；
快速接近循环点	N30	G00 X17 Z3；
内孔粗车复合循环指令 G71	N40	G71 U1 R0.5；
	N50	G71 P60 Q120 U-0.5 W0.05 F0.2；
精加工程序段	N60	G00 X28；
	N70	G01 Z0 F0.1；
	N80	X26 Z-1；
	N90	Z-8；
	N100	X20，C1；
	N110	Z-38；
	N120	X17；
快速退刀至安全区域，主轴停止	N130	G00 Z100；
	N140	X100 M05；
程序暂停	N150	M00；
调用 2 号镗孔车刀及 2 号刀补	N160	T0202；
精车转速	N170	M03 S1200；
快速接近循环点	N180	G00 X17 Z3；
精车循环	N190	G70 P60 Q120；
快速退刀至安全区域，主轴停止	N200	G00 Z100；
	N210	X100 M05；
程序暂停	N220	M00；
调用 3 号内沟槽车刀及 3 号刀补	N230	T0303；
主轴正转启动，转速为 500r/min	N240	M03 S500；
快速接近加工起点	N250	G00 X18 Z3；
	N260	Z-26；

续表

编程思路说明	顺序号	程 序 内 容
车削内沟槽(7×φ24)mm	N270	G01 X24 F0.05;
	N280	G00 X18;
	N290	W2;
	N300	G01 X24 F0.05;
	N310	G00 X18;
	N320	W2;
	N330	G01 X24 F0.05;
	N340	G00 X18;
快速退刀至安全区域,主轴停止	N350	G00 Z100;
	N360	X100 M05;
程序暂停	N370	M00;
调用1号外圆车刀及1号刀补	N380	T0101;
主轴正转,转速为800r/min	N390	M03 S800;
快速接近循环点	N400	G00 X46 Z3;
外圆粗车复合循环指令 G71	N410	G71 U1 R0.5;
	N420	G71 P430 Q490 U0.5 W0.05 F0.2;
精加工程序段	N430	G00 X33;
	N440	G01 Z0 F0.1;
	N450	X35 Z-1;
	N460	Z-30;
	N470	X43;
	N480	Z-42;
	N490	X45;
快速退刀至安全区域,主轴停止	N500	G00 X100 Z100 M05;
程序暂停	N510	M00;
调用1号外圆车刀及1号刀补	N520	T0101;
精车转速	N530	M03 S1200;
快速接近循环点	N540	G00 X46 Z3;
精车循环	N550	G70 P430 Q490;
快速退刀至安全区域,主轴停止	N560	G00 X100 Z100 M05;
程序暂停	N570	M00;
调用4号切断刀及4号刀补	N580	T0404;
主轴正转,转速500r/min	N590	M03 S500;
快速接近切断定位点	N600	G00 X46 Z-41;
切断	N610	G01 X17 F0.05;
快速退刀至安全区域,主轴停止	N620	G00 X100;
	N630	Z100 M05;
程序结束	N640	M30;

4. 加工轴套

轴套的加工过程如表 9-9 所示。

表 9-9　轴套的加工过程

序号	加工步骤	工艺简图	使用刀具	使用量具	加工方式	操作要点	本环节产生的生产垃圾	垃圾分类处理
1	备料：φ45mm 长圆棒料		—		—	—		其他垃圾
2	车工件右端面、钻中心孔				手动	夹持毛坯外圆，伸出长度 52mm，车右端面，钻中心孔		
3	钻 φ18mm 孔，深 42mm					均匀进给，需要冷切液，深度 42mm	铝屑	可回收物

续表

序号	加工步骤	工艺简图	使用刀具	使用量具	加工方式	操作要点	本环节产生的生产垃圾	垃圾分类处理
4	粗车φ26mm、φ20mm内孔,C1倒角				自动	游标卡尺检测各内孔是否有0.5mm余量		
5	精车φ26mm、φ20mm内孔,C1倒角至公差尺寸要求				自动	内测千分尺检测φ20mm、φ26mm内孔,如尺寸偏小,则应在刀具的直径余量增加后,再次精车,直至符合尺寸要求	铝屑	可回收物
6	车削内沟槽(7×φ24)mm					切内沟槽至尺寸要求,注意排屑和冷却		

续表

序号	加工步骤	工艺简图	使用刀具	使用量具	加工方式	操作要点	本环节产生的生产垃圾	垃圾分类处理
7	粗车 φ43mm，φ35mm 外圆面，C1倒角				自动	游标卡尺检测各外圆是否有 0.5mm 余量	铝屑	可回收物
8	精车 φ43mm，φ35mm 外圆面，C1倒角至公差尺寸要求					外径千分尺检测 φ35、φ43 外圆，如尺寸偏大，则应在刀具补偿处把多余的直径余量减去后，再次精车，直至符合尺寸要求		

续表

序号	加工步骤	工艺简图	使用刀具	使用量具	加工方式	操作要点	本环节产生的生产垃圾	垃圾分类处理
9	切断,保证总长（37±0.1）mm	三爪卡盘卡爪　37±0.1			自动	保证总长（37±0.1）mm	铝屑	♲ 可回收物
10	设备保养	—	—	—	—	整理工作台物品,清洁数控车床并上油保养,清扫实训场地		✖ 有害垃圾

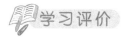学习评价

1．学习过程评价

请你根据本次任务学习过程中的实际情况,在表 9-10 中对自己及学习小组进行评价。

表 9-10　学习过程评价表

学习小组：_____　　　　姓名：_____　　　　评价日期：_____

评价人	评 价 内 容	评 价 等 级	情况说明
自我评价	能否按 5S 要求规范着装	能 □　不确定 □　不能 □	
	能否针对学习内容主动与其他同学进行沟通	能 □　不确定 □　不能 □	
	能否叙述轴套零件的加工工艺过程	能 □　不确定 □　不能 □	
	能否正确编写轴套零件的加工程序	能 □　不确定 □　不能 □	
	能否规范使用工具、量具、刀具加工零件	能 □　不确定 □　不能 □	
	你自己加工的轴套零件的完成情况如何	按图纸要求完成 □ 基本完成 □　没有完成 □	
	能否独立且正确检测零件尺寸	能 □　不确定 □　不能 □	
小组评价	小组所使用的工具、量具、刀具能否按 5S 要求摆放	能 □　不确定 □　不能 □	
	小组组员之间团结协作、沟通情况如何	好 □　一般 □　　差 □	
	小组所有成员是否都能完成轴套的加工	能 □　不能 □	
教师评价	学生个人在小组中的学习情况	积极 □　　懒散 □ 技术强 □　技术一般 □	
	学习小组在学习活动中的表现情况	好 □　一般 □　　差 □	

2．专业技能评价

请参照零件图 9-2,使用游标卡尺、外径千分尺、内测千分尺等量具,分别对自己与组员加工的轴套零件进行检测,并把检测结果填写在表 9-11 中。

表 9-11　轴套零件质量检测表

序号	检测项目	配分	评分标准	自检结果	得分	互检结果	得分
1	$\phi 43_{-0.039}^{0}$ mm	12	符合要求得分				
2	$\phi(35\pm0.012)$ mm	12	符合要求得分				
3	$\phi 26_{0}^{+0.021}$ mm	12	符合要求得分				
4	$\phi 20_{0}^{+0.021}$ mm	12	符合要求得分				
5	(37 ± 0.1) mm	10	符合要求得分				
6	7mm	5	符合要求得分				
7	8mm	5	符合要求得分				
8	内沟槽$(7\times\phi24)$mm	8	符合要求得分				
9	C1 倒角 3 处	12	符合要求得分				
10	$Ra 1.6\mu$m 3 处	12	每处降一级扣 2 分				
	合　　计	100					

📋 练习与作业

1. 课堂练习

1) 填空题

(1) G90 可用来车削外径,也可用来车削_____。

(2) G71 程序加工内孔,余量 ΔU 必须_____。

(3) 镗孔时,镗刀柄应尽可能伸出短些,以防止产生振动,一般比被加工孔长_____ mm。

(4) 内沟槽车刀装夹时,要求刀体与刀柄轴线_____。

(5) 在使用 G90 指令切削内孔时,循环起刀点一定要在底孔以_____。

(6) 车复合循环指令 G71,在加工外径时余量 ΔU 为_____,在加工内轮廓时余量 ΔU 为_____。

2) 判断题

(1) 数控车床加工零件,工序比较集中,一次装夹应尽可能完成全部工序。　　（　　）

(2) 内孔车刀装得低于工件中心时,因切削力方向的变化,会使刀尖强度降低,容易造成崩刀现象。　　（　　）

(3) 钻孔前工件端面要车平,以利于钻头准确定心。　　（　　）

(4) 钻较深孔时,切屑不易排出,必须采取啄式钻孔,经常退出钻头,清除切屑和冷却钻头。　　（　　）

(5) 宽度较小和精度要求不高的内沟槽,根据槽宽,选用槽刀主切削刃等于槽宽,采用直进法一次车出。　　（　　）

(6) 若内沟槽深度较深,宽度很大,可用内圆车刀先车出凹槽,再用内沟槽车刀车沟槽两端垂直面。　　（　　）

3) 选择题

(1) 内孔车削的关键技术是解决(　　)问题。

　　A. 车刀的刚性　　　　　　　　　　B. 排屑

　　C. 车刀的刚性和排屑　　　　　　　D. 冷却

(2) 在孔即将钻通时,应(　　)进给速度。

　　A. 提高　　　　　　　　　　　　　B. 降低

　　C. 均匀　　　　　　　　　　　　　D. 先提高后降低

(3) 镗刀右偏刀的刀尖方位号为(　　)。

　　A. 1　　　　　　　B. 2　　　　　　　C. 3　　　　　　　D. 4

(4) 镗孔车刀在加工零件内表面时,需调用指令(　　)进行刀具半径补偿。

　　A. G41　　　　　　　　　　　　　B. G42

　　C. G43　　　　　　　　　　　　　D. G44

(5) 内孔车削精度一般为(　　),表面粗糙度 Ra 值可达 $0.8\sim1.6\mu m$。

　　A. IT11～IT12　　　　　　　　　　B. IT7～IT8

　　C. IT9～IT10　　　　　　　　　　D. IT12～IT13

（6）加工内轮廓时，半径补偿指令为 G41，刀尖方位号为（　　）。

　　A. 1　　　　　　　B. 2　　　　　　　C. 3　　　　　　　D. 4

（7）（多选题）内孔的车削加工根据精度、表面质量等要求，一般采用（　　）等方法加工。

　　A. 钻孔　　　　　B. 扩孔　　　　　C. 镗孔　　　　　D. 铰孔

（8）（多选题）镗孔可以分为（　　）等。

　　A. 粗镗　　　　　B. 半精镗　　　　C. 精镗　　　　　D. 超精镗

4）思考题

（1）车削内沟槽有几种方法，分别是什么？

（2）外轮廓 $\phi40$mm 已加工完成，内轮廓已用 $\phi18$mm 钻孔完成通孔，零件材料为铝材，用 G71 编制内轮廓的加工程序，如图 9-8 所示。

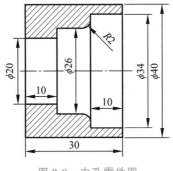

图 9-8　内孔零件图

2. 课后作业

请你结合本次任务的学习情况，在课后撰写学习报告，并上传至线上学习平台。学习报告内容要求如下。

（1）绘制一张本次任务所学知识和技能的思维导图。

（2）总结自己或者小组在学习过程中出现的问题以及解决方法。

（3）撰写学习心得与反思。

生产任务工单

任务名称		使用设备		加 工 要 求
零件图号		加工数量		
下单时间		接单小组		
要求完成时间		责任人		
实际完成时间		生产人员		
产品质量检测记录				
检 测 项 目		自 检 结 果		质检员检测结果
1	零件完整性			
2	零件关键尺寸不合格数目			
3	零件表面质量			
4	是否符合装配要求			
零件质量最终检测结果及处理意见				
验收人		存放地点		验收日期	

滚轮的加工

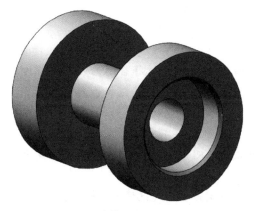

滚轮实物图

滚轮的
加工视频

学习内容

```
                    1. 编程知识准备 ──── 外沟槽的数控车削工艺
                                      常用编程指令G94、G72

                    2. 制订工艺路线

         滚        3. 编写加工程序
         轮
         的        4. 加工滚轮零件
         加
         工        5. 学习评价

                    6. 练习与作业

                    7. 填写任务工单
```

◇ **知识目标**

（1）识读滚轮的零件图样，清楚其加工要素。

（2）知道外沟槽的数控车削工艺。

（3）清楚 G94、G72 指令的编程格式及指令用途。

◇ **技能目标**

（1）能正确使用 G94、G72 指令编写程序。

（2）能根据零件的加工要求制订滚轮的加工工艺。

（3）能在教师的指导下正确编写滚轮的加工程序。

（4）能选择合适的刀具加工滚轮零件。

（5）能正确选用量具测量滚轮零件尺寸。

◇ **素质目标**

（1）能根据外沟槽的结构特征，正确选择合适的刀具进行加工。

（2）能根据外沟槽的尺寸精度要求，正确选择检测量具。

（3）在零件检测阶段能对加工质量做出评价，并能根据问题提出改进意见。

◇ **核心素养目标**

（1）能灵活选用量具精确检测零件，清楚零件的质量并提出改进意见，具备精益求精的工匠精神。

（2）能严格按照文明安全生产要求规范操作，并能对现场的安全问题提出改进意见，具备安全文明生产意识。

（3）积极参与小组合作学习，能听取别人的意见或指导他人学习，具备团队合作精神。

（4）节约学习资源，对各类生产垃圾能进行有效分类并按要求投放，同时能对现场的环境问题提出改进意见，具备环保意识。

课前思政小故事

（扫描可观看）

滚轮是导轨轮的一种，广泛应用于各类机械结构中，起到承载、导向和移动装置或设备并减少运动摩擦等作用，是常用的机械部件。

现有企业订单，要求对滚轮样件进行数控车削加工。零件图样如图 10-1 所示。

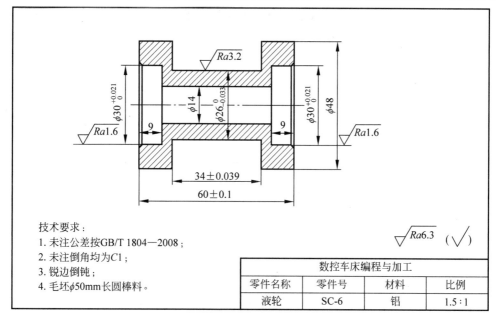

技术要求：
1. 未注公差按GB/T 1804—2008；
2. 未注倒角均为C1；
3. 锐边倒钝；
4. 毛坯φ50mm长圆棒料。

$\sqrt{Ra6.3}$ $(\sqrt{\ })$

数控车床编程与加工			
零件名称	零件号	材料	比例
液轮	SC-6	铝	1.5∶1

图 10-1　滚轮零件图

 任务分析

1. 制订工作计划

利用数控车技能完成滚轮的制作，分别需要完成选择毛坯材料，选取工具、量具、刀具，制订加工工艺，编写加工程序，加工零件，质量检测，5S现场作业，填写生产任务工单八项内容，请完善表10-1工作计划表中的相关内容。

表 10-1　滚轮工作计划

姓名		工位号	
序号	任 务 内 容	计划用时	完成时间
1	选择毛坯材料		
2	选取工具、量具、刀具		
3	制订加工工艺		
4	编写加工程序		
5	加工零件		
6	质量检测		
7	5S现场作业		
8	填写生产任务工单		

2. 选取加工设备及物料

请根据滚轮的零件图及工作计划，选取加工滚轮零件所需要的毛坯、数控设备、刀具、量具等，填写在表10-2中。

表 10-2 加工滚轮的设备及物料

序号	名　　称	规格型号	数　　量	备　　注

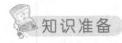 知识准备

1．外沟槽的数控车削工艺

1）外沟槽的加工方法

（1）车削精度不高或宽度较窄的沟槽时，可用刀宽等于槽宽的车槽刀，采用一次直进法车出（图 10-2(a)）。

（2）车有精度要求的沟槽时，一般采用两次直进法车出（图 10-2(b)），即第一次车槽时，槽壁两侧留精车余量，然后根据槽深、槽宽进行精车。

（3）车削较宽的沟槽时，可用多次直进法切割（图 10-2(c)），并在槽壁两侧留一定精车余量，然后根据槽深、槽宽进行精车。

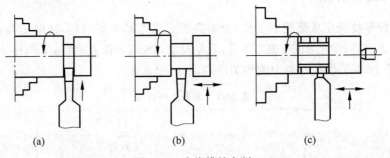

(a)　　　　　　　　(b)　　　　　　　　(c)

图 10-2　直沟槽的车削

（4）车削较小的圆弧槽时，一般用成形刀一次车出；车削较大的圆弧槽时，可以通过圆弧插补指令编制加工程序进行加工。

（5）车削梯形或其他异形槽时，一般采用刀刃宽度小于最窄槽宽的切槽刀，通过直线或圆弧插补指令编制加工程序，以完成异形槽的加工。

2）槽加工常用刀具的选用

现代生产的切断刀和切槽刀通用性非常强，而且生产效率高，使用可转位刀片的刀具可以完成大多数的车削工序。

（1）刀柄的选择

选择最小悬深的刀柄，以保证最小的振动和刀具偏斜。在不影响加工的前提下，尽可能选择尺寸大的刀柄，刀具悬深不应超过 8 倍的刀片宽度，如图 10-3 所示。

（2）刀片的选择

刀片分为中置型（N）、右手型（R）和左手型（L）三种。中置型刀片可提供坚固的切削力，其切削力主要为径向切削力，具有较长的刀具寿命，如图 10-4 所示。右手型和左手型刀片适用于对工件切口末端进行精加工，如图 10-5 所示。

图 10-3　外槽刀刀杆　　　　图 10-4　中置型刀片　　　　图 10-5　右手型、左手型刀片

（3）刀片宽度的选择

刀片宽度选择时，一方面要考虑刀具的强度和稳定性；另一方面要考虑节省工件材料和降低切削力。

（4）刀具的安装

① 安装时车槽刀不宜伸出过长。

② 车槽横向进给时，主刀刃高度对工件控制在±0.2mm 范围内，刀片与工件中心尽量等高。

③ 车槽刀片尽量垂直中心，两个副偏角对称，以保证主刀刃与工件轴线平行。

④ 安装时，切断刀不宜伸出过长，同时切断刀的中心线必须装得与工件中心线垂直，以保证两个副偏角对称。

⑤ 切断实心工件时，切断刀的主切削刃必须装得与工件中心等高，否则不能车到中心，而且容易崩刀，甚至折断车刀。

⑥ 切断刀的底平面应平整，以保证车削质量。

2. 常用编程指令

1）端面切削循环指令 G94

G94 指令能实现端面切削循环和带锥度的端面切削循环。刀具从循环起点出发，按走刀路线切削，最后返回到循环起点。

（1）指令格式

```
G94 X(U)_Z(W)_F_;
G94 X(U)_Z(W)_R_F_;
```

其中，X、Z 为端面切削终点坐标值；U、W 为端面切削终点相对循环起点的坐标增量；R 为端面切削始点至终点位移在 Z 轴方向的坐标增量；F 为进给切削速度，系统默认每转进给量，单位为 mm/r。

（2）指令说明

① G94 指令用于一些长度短、面积大的零件的垂直端面或锥形端面的加工，直接从毛

坯或棒料车削进行粗加工,以去除大部分毛坯余量。

② G94 是模态代码,可以被同组的其他代码(如 G00、G01 等)取代。

③ 端面切削循环的执行过程如图 10-6 所示。刀具从循环起点开始以 G00 方式径向移动至指令中的切削终点 X 坐标处,再以 G01 的方式沿轴向切削进给至切削坐标点 Z 坐标处,最后以 G00 方式返回循环起点处,准备下一个动作。

④ 带锥度的端面切削循环执行过程如图 10-7 所示。刀具从循环起点开始以 G00 方式径向移动至指令中的切削终点 X 坐标处,再以

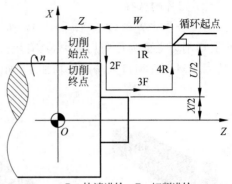

图 10-6　端面切削循环

G01 的方式沿轴向切削进给至切削坐标点 Z 坐标处,最后以 G00 方式返回循环起点处,准备下一个动作。

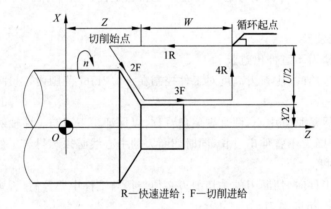

图 10-7　带锥度的端面切削循环

(3) 编程实例

如图 10-8 所示,对端面切削循环过程编程。

```
G94 X20 Z16 F0.1      A→B→C→D→A
        Z13           A→E→F→D→A
        Z10           A→G→H→D→A
```

如图 10-9 所示,运用带锥度端面切削循环指令编程。

```
G94 X20 Z34 R-4 F0.1    A→B→C→D→A
        Z32             A→E→F→D→A
        Z29             A→G→H→D→A
```

2) 端面粗车切削复合循环 G72

G72 端面粗车复合循环指令的含义与 G71 类似,不同之处是刀具平行于 X 轴方向切削,它是从外径方向向轴心方向切削端面的粗车循环,该循环方式适用于长径比值较小的盘类工件端面粗车。

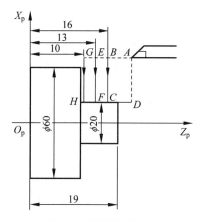

图 10-8　端面切削循环

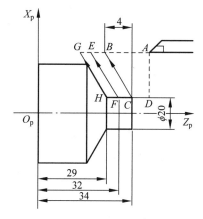

图 10-9　带锥度的端面切削循环

（1）指令格式

G72 W(Δd)__R(e)__;

G72 P(ns)__Q(nf)__U(Δu)__W(Δw)__F(f)__S(s)__T(t)__;

其中，Δd 为每次循环的切削深度，模态值，直到下次指定之前均有效，也可以用参数指定。根据程序指令，参数中的值可变化，单位为 mm。

e 为每次切削的退刀量，模态值，直到下次指定之前均有效。

ns 为精加工路径第一程序段的顺序号（行号）。

nf 为精加工路径最后程序段的顺序号（行号）。

Δu 为 X 方向精加工余量。

Δw 为 Z 方向精加工余量。

f 为进给速度。

s 为主轴转速。

t 为刀具功能。

注意：f、s、t 在 G72 程序段中指定的是顺序号 ns～nf 的程序段中粗车时使用的 F、S、T 功能。在 ns 顺序号指定的 f、s、t 为精车时使用的 F、S、T 功能。

（2）指令说明

① 如图 10-10 所示，$A \to A'$ 之间的刀具轨迹，在顺序号 ns 的程序段中指定，可以用 G00 或 G01 指令，但不能指定 X 轴的运动。当用 G00 指定时，$A \to A'$ 为快速移动，当用 G01 指定时，$A \to A'$ 为切削进给移动。

② 在 $A' \to B$ 之间的零件形状，X 轴和 Z 轴都必须是单调增大或单调减小的轮廓。这是 Ⅰ 型端面粗车循环的关键。有的系统还提供了 Ⅱ 型端面粗车循环功能。

③ G72 指令必须带有 P、Q 地址 ns、nf，

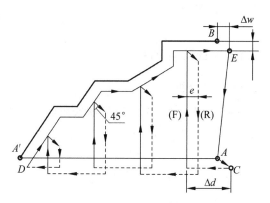

图 10-10　刀具运动轨迹

且与精加工路径起、止顺序号对应,否则不能进行该循环加工。

④ 在顺序号为 ns～nf 的程序段中,不能调用子程序。

⑤ 在程序指令时,A 点在 G72 程序段之前指令。在循环开始时,刀具首先由 A 点退回到 C 点,移动 Δu/2 和 Δw 的距离。刀具从 C 点平行于 AA′ 移动 Δd,开始第一刀的端面粗车循环。第一步移动是用 G00 还是用 G01,由顺序号 ns 中的代码决定,当 ns 中用 G00 时,这个移动就用 G00,当 ns 中用 G01 时,这个移动就用 G01。第二步切削运动用 G01,当到达本程序段终点时,以与 X 轴成 45°夹角的方向退出。第三步以离开切削表面 e 的距离快速返回到 X 轴的出发点,再以切深为 Δd 进行第二刀切削,当达到精车留量时,沿精加工留量轮廓 DE 加工一刀,使精车留量均匀。最后从 E 点快速返回到 A 点,完成一个粗车循环。

⑥ 当顺序号 ns 程序段用 G00 移动时,在指令 A 点时,必须保证刀具在 X 方向上位于零件之外。顺序号 ns 的程序段不仅用于粗车,还要用于精车时进刀,一定要保证进刀的安全。

(3) 编程实例

如图 10-11 所示,用 G72 指令编程加工图中的外轮廓(工件坐标系零点位于零件右端面中心)。

```
O1001;
G00 X100 Z100 T0101;
M03 S800;
G00 X81 Z3;
G72 W2 R1;
G72 P10 Q20 U0.5 W0.05 F150;
N10 G00 Z-25;
G01 X50;
G03 X40 Z-20 R5;
G01 Z-15;
X20 Z-10;
Z-2;
N20 X14 Z1;
G70 P10 Q20;
G00 X100 Z100;
M30;
```

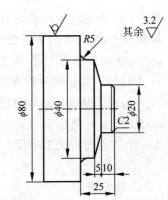

图 10-11 使用 G72 指令加工阶梯轴

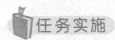

1. 识读零件图样

1) 图样分析

由图 10-2 可知,滚轮零件需要车削加工 φ48mm 的外圆柱面、φ26mm×34mm 外沟槽、φ14mm 通孔、两处 φ30mm 内孔、总长 60mm 等,其中,两个 φ30mm 内孔表面粗糙度为 Ra1.6μm,外沟槽表面粗糙度为 Ra3.2μm。总之,滚轮零件结构比较简单,但对槽的加工精度和表面粗糙度要求较高。

2) 确定工件毛坯

根据图 10-2 可知,毛坯材料为铝材,毛坯采用规格为 φ50mm 长圆棒料,下料后便可加工。

2. 制订工艺路线

请根据零件的加工要求,分别从表 10-3 中选择零件的工艺简图,从表 10-4 中选择零件的工步内容,按正确顺序填写在表 10-5 零件的加工工艺中,并从附录 A 和附录 B 中选择合适的刀具、量具,参考附录 C 垃圾分类操作指引,完善表 10-5 中的其他内容。

表 10-3　滚轮的工艺简图

序号	工 艺 简 图	序号	工 艺 简 图
1	$\phi26_{-0.033}^{0}$　34 ± 0.039　13	5	60.5
2	C1　$\phi29.5$　9	6	$\phi14$　65
3	C1　$\phi29.5$　9	7	C1　$\phi30_{0}^{+0.021}$　9
4	$\phi48$　65	8	75　$\phi50$

续表

序号	工 艺 简 图	序号	工 艺 简 图
9	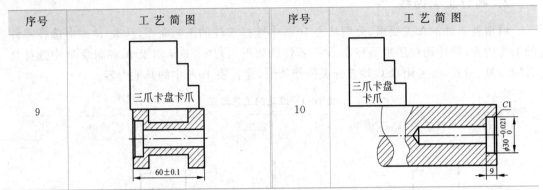	10	

表 10-4　滚轮的工步内容

序号	工 步 内 容
1	粗车右端 $\phi30$mm 内孔，C1 倒角
2	车削外沟槽 $\phi26$mm×34mm
3	切断
4	精车右端 $\phi30$mm 内孔，C1 倒角至公差尺寸要求
5	精车左端 $\phi30$mm 内孔，C1 倒角至公差尺寸要求
6	钻 $\phi14$mm 孔，深 65mm
7	粗车左端 $\phi30$mm 内孔，C1 倒角
8	车工件右端面，钻中心孔
9	掉头装夹，车左端面，保证总长（60±0.1）mm
10	粗精车 $\phi48$mm 外圆面至公差尺寸要求

表 10-5　_____零件的加工工艺

工艺序号	工艺简图序号	工步内容序号	加 工 刀 具	使 用 量 具	将产生的生产垃圾	垃圾分类

3. 编写程序

1）填写工艺卡片和刀具卡片

综合以上分析的各项内容，填写数控加工工艺卡片表 10-6 和刀具卡片表 10-7。

表 10-6　滚轮的数控加工工艺卡片

单位名称				产品型号				
				产品名称		滚轮		
零件号	SC-6	材料型号	铝	毛坯规格	棒料		设备型号	
					ϕ50mm 圆棒料			
工序号	工序名称	工步号	工步内容	切削参数			刀具准备	
				$n/(r/min)$	a_p/mm	$v_f/(mm/r)$	刀具类型	刀位号
1	备料		ϕ50mm 长圆棒料					
2	车	1	车工件右端面,钻中心孔	800		手动操作	45°端面车刀、中心钻	T04、尾座
		2	钻 ϕ14mm 孔,深 65mm	400		手动操作	ϕ14 麻花钻	尾座
		3	粗车右端 ϕ30mm 内孔、C1 倒角	800	1	0.2	75°镗孔车刀	T02
		4	精车右端 ϕ30mm 内孔,C1 倒角至公差尺寸要求	1200	0.5	0.1	75°镗孔车刀	T02
		5	粗精车 ϕ48mm 外圆面至公差尺寸要求	1200	0.5	0.1	90°外圆车刀	T01
		6	车削外沟槽 ϕ26mm×34mm	800	4	0.05	4mm 切断刀	T03
		7	切断	500	4	0.05	4mm 切断刀	T03
3	车	8	掉头装夹,车左端面,保证总长(60±0.1)mm	800		手动操作	45°端面车刀	T04
		9	粗车左端 ϕ30mm 内孔,C1 倒角	800	1	0.2	75°镗孔车刀	T02
		10	精车左端 ϕ30mm 内孔,C1 倒角至公差尺寸要求	1200	0.5	0.1	75°镗孔车刀	T02

表 10-7　数控加工刀具卡片

产品名称或代号				零件名称	滚轮	零件图号	SC-6
序号	刀具号	偏置号	刀具名称及规格	材质	数量	刀尖半径	假想刀尖
1	04	04	45°端面车刀	硬质合金	1	0.8	
2	01	01	90°右偏外圆车刀	硬质合金	1	0.4	
3	02	02	75°镗孔车刀	硬质合金	1	0.4	
4	03	03	4mm 切断车刀	硬质合金	1		
5	尾座		ϕ3mm 中心钻	高速钢			
6	尾座		ϕ14mm 麻花钻	高速钢			

2)编写滚轮的加工程序

以沈阳数控车床 CAK4085(FANUC Series Oi Mate-TC 系统)为例,编写加工程序,如表 10-8 所示。

表 10-8 滚轮加工程序卡片

编程思路说明	顺序号	程序内容
程序号		O1002;
调用 2 号镗孔车刀及 2 号刀补,快速定位至安全点	N10	G99 G00 X100 Z100 T0202;
主轴正转启动	N20	M03 S800;
快速接近循环点	N30	G00 X13 Z3;
粗车复合循环指令 G71	N40	G71 U1 R0.5;
	N50	G71 P60 Q100 U-0.5 W0.05 F0.2;
精加工程序段	N60	G00 X32;
	N70	G01 Z0 F0.1;
	N80	X30 Z-1;
	N90	Z-9;
	N100	X14;
快速退刀至安全区域,主轴停止	N110	G00 Z100;
	N120	X100 M05;
程序暂停	N130	M00;
调用 2 号镗孔车刀及 2 号刀补	N140	T0202;
精车转速	N150	M03 S1200;
快速接近循环点	N160	G00 X13 Z3;
精车循环	N170	G70 P60 Q100;
快速退刀至安全区域,主轴停止	N180	G00 Z100;
	N190	X100 M05;
程序暂停	N200	M00;
调用 1 号外圆车刀及 1 号刀补	N210	T0101;
主轴正转,转速 800r/min	N220	M03 S800;
快速接近循环点	N230	G00 X51 Z3;
粗车复合循环指令 G71	N240	G71 U1 R0.5;
	N250	G71 P260 Q280 U0.5 W0.05 F0.2;
精加工程序段	N260	G00 X48;
	N270	G01 Z0 F0.1;
	N280	Z-65;
快速退刀至安全区域,主轴停止	N330	G00 X100 Z100 M05;
程序暂停	N340	M00;
调用 1 号外圆车刀及 1 号刀补	N350	T0101;
精车转速	N360	M03 S1200;
快速接近循环点	N370	G00 X51 Z3;
精车循环	N380	G70 P260 Q280;
快速退刀至安全区域,主轴停止	N390	G00 X100 Z100 M05;
程序暂停	N400	M00;
调用 3 号切断刀及 3 号刀补	N410	T0303;
主轴正转,转速为 800r/min	N420	M03 S800;
快速接近切槽定位点	N430	G00 X50 Z-17;
端面复合循环指令 G72	N440	G72 W3 R0;
	N450	G72 P460 Q490 U0.5 W0 F0.05;

续表

编程思路说明	顺序号	程序内容
精加工程序段	N460	G00 Z-47；
	N470	G01 X26 F0.05；
	N480	Z-17；
	N490	X49；
快速退刀至安全区域，主轴停止	N500	G00 X100 Z100 M05；
程序暂停	N510	M00；
调用3号切断刀及3号刀补	N520	T0303；
精车转速	N530	M03 S1000；
快速接近循环点	N540	G00 X50 Z-17；
精车循环	N550	G70 P460 Q490；
快速退刀至安全区域，主轴停止	N560	G00 X100 Z100 M05；
程序暂停	N570	M00；
调用3号切断刀及3号刀补	N580	T0303；
主轴正转，转速为500r/min	N590	M03 S500；
快速接近切断定位点	N600	G00 X51 Z-64.5；
切断	N610	G01 X13 F0.05；
快速退刀至安全区域，主轴停止	N620	G00 X100；
	N630	Z100 M30；
掉头加工程序号		O1003；
调用2号镗孔车刀及2号刀补，快速定位至安全点	N10	G99 G00 X100 Z100 T0202；
主轴正转启动	N20	M03 S800；
快速接近循环点	N30	G00 X13 Z3；
粗车复合循环指令 G71	N40	G71 U1 R0.5；
	N50	G71 P60 Q100 U-0.5 W0.05 F0.2；
精加工程序段	N60	G00 X32；
	N70	G01 Z0 F0.1；
	N80	X30 Z-1；
	N90	Z-9；
	N100	X14；
快速退刀至安全区域，主轴停止	N110	G00 Z100；
	N120	X100 M05；
程序暂停	N130	M00；
调用2号镗孔车刀及2号刀补	N140	T0202；
精车转速	N150	M03 S1200；
快速接近循环点	N160	G00 X13 Z3；
精车循环	N170	G70 P60 Q100；
快速退刀至安全区域，主轴停止	N180	G00 Z100；
	N190	X100 M05；
程序结束	N200	M30；

4. 加工滚轮

加工滚轮的过程如表 10-9 所示。

表10-9　滚轮的加工过程

序号	加工步骤	工艺简图	使用刀具	使用量具	加工方式	操作要点	本环节产生的生产垃圾	垃圾分类处理
1	备料：φ50mm长圆棒料	—	—	—	—	—		其他垃圾
2	车工件右端面，钻中心孔				手动	夹持毛坯外圆，伸出长度75mm，车右端面，钻中心孔		
3	钻φ14mm孔，深65mm					均匀进给，需要冷却液，深度65mm		可回收物

续表

序号	加工步骤	工艺简图	使用刀具	使用量具	加工方式	操作要点	本环节产生的生产垃圾	垃圾分类处理
4	粗车右端 φ30mm 内孔、C1 倒角					游标卡尺检测内孔是否有 0.5mm 余量		
5	精车右端 φ30mm 内孔、C1 倒角至尺寸要求				自动	内测千分尺检测 φ30mm 内孔，如尺寸偏小，则应在刀具补偿处增加直径余量后，再次精车，直至符合尺寸要求	铝屑	可回收物
6	粗精车 φ48mm 外圆面至公差尺寸要求					外径千分尺检测 φ48mm 外圆，如尺寸偏大，则应在刀具补偿处减去多余的直径余量后，再次精车，直至符合尺寸要求		

续表

序号	加工步骤	工艺简图	使用刀具	使用量具	加工方式	操作要点	本环节产生的生产垃圾	垃圾分类处理
7	车削外沟槽φ26mm×34mm	（$\phi26_{-0.033}^{0}$，13，34 ± 0.039）			自动	游标卡尺检测外沟槽宽度，外径千分尺测量槽直径	铝屑	可回收物
8	切断	（60.5）			自动	切断工件，长度为60.5mm，留0.5mm余量		
9	掉头装夹，车左端面，保证总长（60±0.1）mm	（60 ± 0.1）			手动	保证总长（60±0.1）mm		

续表

序号	加工步骤	工艺简图	使用刀具	使用量具	加工方式	操作要点	本环节产生的生产垃圾	垃圾分类处理
10	粗车左端 $\phi30\,mm$ 内孔,C1 倒角	三爪卡盘卡爪　C1　$\phi29.5$　9			自动	游标卡尺检测内孔是否有 0.5mm 余量		
11	精车左端 $\phi30\,mm$ 内孔,C1 倒角至公差尺寸要求	三爪卡盘卡爪　C1　$\phi30_{-0.02}^{0}$　9			自动	内测千分尺检测 $\phi30\,mm$ 内孔,如尺寸偏小,则应在刀具补偿处增加直径余量后,再次精车,直至符合尺寸要求	铝屑	可回收物
12	设备保养	—	—	—	—	整理工作台物品,清洁数控车床并上油保养,清扫实训场地		有害垃圾

学习评价

1. 学习过程评价

请你根据本次任务学习过程中的实际情况,在表 10-10 中对自己及学习小组进行评价。

表 10-10　学习过程评价表

学习小组:_____　　　　姓名:_____　　　　评价日期:_____

评价人	评价内容	评价等级	情况说明
自我评价	能否按 5S 要求规范着装	能 □　不确定 □　不能 □	
	能否针对学习内容主动与其他同学进行沟通	能 □　不确定 □　不能 □	
	能否叙述滚轮零件的加工工艺过程	能 □　不确定 □　不能 □	
	能否正确编写滚轮零件的加工程序	能 □　不确定 □　不能 □	
	能否规范使用工具、量具、刀具加工零件	能 □　不确定 □　不能 □	
	你自己加工的滚轮零件的完成情况如何	按图纸要求完成 □　基本完成 □　没有完成 □	
	能否独立且正确检测零件尺寸	能 □　不确定 □　不能 □	
小组评价	小组所使用的工具、量具、刀具能否按 5S 要求摆放	能　不确定　不能	
	小组组员之间团结协作、沟通情况如何	好 □　一般 □　差 □	
	小组所有成员是否都能完成滚轮的加工	能 □　不能 □	
教师评价	学生个人在小组中的学习情况	积极 □　懒散 □　技术强 □　技术一般 □	
	学习小组在学习活动中的表现情况	好 □　一般 □　差 □	

2. 专业技能评价

请参照零件图 10-2,使用游标卡尺、外径千分尺、内测千分尺等量具,分别对自己与组员加工的滚轮零件进行检测,并把检测结果填写在表 10-11 中。

表 10-11　滚轮零件质量检测表

序号	检测项目	配分	评分标准	自检结果	得分	互检结果	得分
1	$\phi26_{-0.033}^{0}$ mm	12	符合要求得分				
2	$\phi30_{0}^{+0.021}$ mm 2 处	24	符合要求得分				
3	$\phi48$	5	符合要求得分				
4	$\phi14$	2	符合要求得分				
5	(34 ± 0.039) mm	12	符合要求得分				
6	(60 ± 0.1) mm	12	符合要求得分				
7	9mm 2 处	10	符合要求得分				
8	C1 倒角 2 处	8	符合要求得分				
9	$Ra3.2\mu m$ 1 处	5	每处降一级扣 2 分				
10	$Ra1.6\mu m$ 2 处	10	每处降一级扣 2 分				
	合　计	100					

练习与作业

1. 课堂练习

1）填空题

(1) 车削较宽的沟槽时，可用_____次直进法切割，并在槽壁两侧留一定精车余量，然后根据_____、_____进行精车。

(2) 切断实心工件时，切断刀的主切削刃必须装得与工件中心_____，否则不能车到中心，而且容易崩刀，甚至折断车刀。

(3) 切断刀不宜伸出过长，同时切断刀的中心线必须装得与工件中心线_____，以保证两个副偏角_____。

(4) G94 指令能实现_____切削循环和_____切削循环。

2）判断题

(1) 槽的宽度与所用刀具无关。　　　　　　　　　　　　　　　　（　　）

(2) 切断刀不仅可以切断，同样可以切槽。　　　　　　　　　　　（　　）

(3) 切槽加工时刀片宽度要小于槽宽。　　　　　　　　　　　　　（　　）

(4) 车削精度不高或宽度较窄的沟槽时，可用刀宽等于槽宽的车槽刀，采用一次直进法车出。　　　　　　　　　　　　　　　　　　　　　　　　　　　（　　）

(5) 圆弧槽均不能一次车出，必须通过直线或圆弧插补指令编制加工程序车出。

　　　　　　　　　　　　　　　　　　　　　　　　　　　　　　（　　）

(6) G94 指令不能切削带锥面的端面。　　　　　　　　　　　　　（　　）

3）选择题

(1) G72 指令中 R 的含义是（　　）。

　　A. 每次切削的退刀量　　　　　　　　B. 每次切削的进刀量

　　C. 每次切削循环开始　　　　　　　　D. 每次切削循环结束

(2) G94 X(U)__ Z(W)__ F__；编程说明正确的是（　　）

　　A. X、Z 为刀具目标点绝对坐标值

　　B. U、W 为刀具坐标点相对于起始点的增量坐标值

　　C. F 为循环切削过程中的切削速度

　　D. 只能车削端面

(3) 下列不属于切断方法的是（　　）。

　　A. 直进法切断工件　　　　　　　　　B. 左右借刀法切断工件

　　C. 反切法切断工件　　　　　　　　　D. 斜进法切断工件

(4) 数控车床加工轴类零件最常用的夹具是（　　）。

　　A. 三爪卡盘　　　　　　　　　　　　B. 四爪卡盘

　　C. 花盘　　　　　　　　　　　　　　D. 拨盘

(5) 车有精度要求的沟槽时，一般采用（　　）次直进法车出。

　　A. 1　　　　　　　B. 2　　　　　　　C. 多次　　　　　　D. 3

（6）切槽刀导杆在不影响加工的前提下应尽可能选择尺寸大的刀柄，刀具悬深不应超过（　　）倍的刀片宽度。

　　A. 5　　　　　　　　　B. 6　　　　　　　　　C. 7　　　　　　　　　D. 8

（7）（多选题）切槽刀的刀片分为（　　）刀片。

　　A. 中置型（N）　　　　　　　　　　　　B. 右手型（R）

　　C. 左手型（L）　　　　　　　　　　　　D. 异型（K）

4）思考题

（1）端面切削复合循环指令 G72 格式是什么？格式中各字母代表的含义是什么？

（2）毛坯尺寸为 φ65mm 长圆棒料，零件材料为铝材，加工零件如图 10-12 所示，请用 G72 编制加工程序。

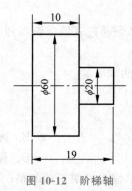

图 10-12　阶梯轴

2. 课后作业

请你结合本次任务的学习情况，在课后撰写学习报告，并上传至线上学习平台。学习报告内容要求如下。

（1）绘制一张本次任务所学知识和技能的思维导图。

（2）总结自己或者小组在学习过程中出现的问题以及解决方法。

（3）撰写学习心得与反思。

生产任务工单

任务名称		使用设备		加 工 要 求
零件图号		加工数量		
下单时间		接单小组		
要求完成时间		责任人		
实际完成时间		生产人员		
产品质量检测记录				
检 测 项 目		自 检 结 果	质检员检测结果	
1	零件完整性			
2	零件关键尺寸不合格数目			
3	零件表面质量			
4	是否符合装配要求			
零件质量最终检测结果及处理意见				
验收人		存放地点		验收日期

第3篇

"1+X" 数控车铣加工职业
技能等级证书(初级)考证

学习任务11　尾锥的加工

学习任务12　阶梯轴的加工

学习任务13　传动轴1的加工

学习任务14　传动轴2的加工

学习任务15　传动轴3的加工

尾锥的加工

尾锥实物图

尾锥的
加工视频

✎ 学习内容

尾锥的加工

1. 分析零件图样

2. 分析评分要素

3. 制订工艺路线

4. 编写加工程序

5. 加工尾锥零件

6. 学习评价

7. 练习与作业

8. 填写任务工单

学习目标

◇ 知识目标

（1）识读尾锥的零件图样,清楚其加工要素。

（2）明确尾锥的考核内容及要求。

◇ 技能目标

（1）能正确制订尾锥的加工工艺。

（2）能正确编写尾锥的加工程序。

（3）能加工出合格的尾锥零件。

（4）能正确选择量具对尾锥零件进行质量检测。

（5）能按评分表要求正确评分。

◇ **素质目标**

（1）能制订自我工作计划。

（2）能规范着装，在考核过程中做好安全防护。

（3）能按 5S 要求做好工位的整理与清洁工作。

◇ **核心素养目标**

（1）具备精益求精的工匠精神，能按照尾锥的考核要求检测零件质量。

（2）加强安全文明生产意识，实操过程中能严格按照安全文明生产要求规范操作。

（3）具备纪律意识，清楚考场守则，能严格地遵守考场纪律。

（4）加强环保意识，节约学习资源，对各类生产垃圾能有效分类并按要求投放。

 课前思政小故事

（扫描可观看）

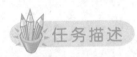 任务描述

尾锥（SKCXCJ01-101）为数控车铣加工职业技能等级证书考核（初级）技能考试数控车工项目的真题，主要考查学生图样分析、外圆柱面加工、圆锥加工、切槽、螺纹加工的能力和安全文明生产素养。零件图与评分表分别如图 11-1 和表 11-1 所示。

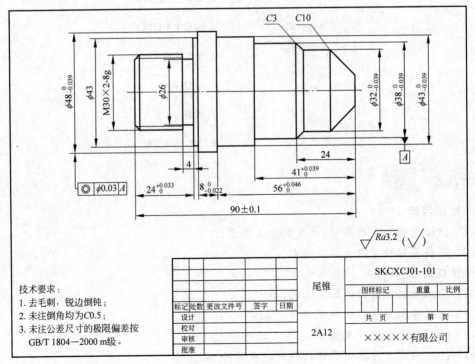

图 11-1　尾锥零件图样

表 11-1　尾锥评分表

数控车铣加工职业技能等级标准(初级)评分表——尾锥										
试题编号			考生代码					配分	39	
场次		工位编号				工件编号		成绩小计		
序号	配分	尺寸类型	公称尺寸	上偏差	下偏差	上极限尺寸	下极限尺寸	实际尺寸	得分	备注
A-主要尺寸										
1	4	ϕ	38	0	−0.039	38	37.961			
2	3	ϕ	48	0	−0.039	48	47.961			
3	2	ϕ	43	0	−0.039	43	42.961			锥端
4	2	ϕ	32	0	−0.039	32	31.961			
5	1	ϕ	43	0.2	−0.2	43.2	42.8			螺纹端
6	1	ϕ	26	0.2	−0.2	26.2	25.8			槽直径
7	2	L	41	0.039	0	41.039	41			
8	2	L	56	0.046	0	56.046	56			
9	2	L	24	0.033	0	24.033	24			
10	3	L	8	0	−0.022	8	7.978			
11	1	L	4	0.2	−0.2	4.2	3.8			槽宽
12	0.5	C	10	0.2	−0.2	10.2	9.8			
13	0.5	ϕ	12	0.2	−0.2	12.2	11.8			
14	1	C	3	0.2	−0.2	4.2	3.8			
15	2	L	90	0.1	−0.1	90.1	89.9			
16	4	螺纹	M30×2-8g							
B-形位公差										
1	3	同轴度	0.03	0		0.00	0.03	0.00		
C-表面粗糙度										
1	5	表面质量	$Ra3.2$	0	0	3.2	0			
总计										
检测考评员签字										

任务分析

1. 制订工作计划

利用数控车技能完成尾锥的制作,分别需要完成选择毛坯材料,选取工具、量具、刀具,制订加工工艺,编写加工程序,加工零件,质量检测,5S 现场作业,填写生产任务工单八项内容,请完善表 11-2 工作计划表中的相关内容。

表 11-2　尾锥工作计划

姓名			工位号	
序号	任 务 内 容		计划用时	完成时间
1	选择毛坯材料			
2	选取工具、量具、刀具			
3	制订加工工艺			
4	编写加工程序			
5	加工零件			
6	质量检测			
7	5S 现场作业			
8	填写生产任务工单			

2. 选取加工设备及物料

请根据尾锥的零件图及工作计划,选取加工尾锥零件所需要的毛坯、数控设备、刀具、量具等,填写在表 11-3 中。

表 11-3　加工尾锥的设备及物料

序号	名　称	规格型号	数　量	备　注

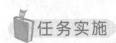任务实施

1. 分析试题

1) 分析零件图样

由图 11-2 可知,尾锥由 5 个外圆柱面、2 处倒角、1 个螺纹、1 个退刀槽等加工要素构成。毛坯材料为 2Al2 铝,毛坯尺寸为 $\phi50\text{mm}\times95\text{mm}$,$\phi32\text{mm}$、$\phi38\text{mm}$、$\phi43\text{mm}$、$\phi48\text{mm}$ 此 4 处外圆柱面尺寸的极限偏差均为 -0.039mm,长度尺寸 41mm 的极限偏差为 $+0.039\text{mm}$,长度尺寸 56mm 的极限偏差为 $+0.046\text{mm}$,长度尺寸 8mm 的极限偏差为 -0.022mm,长度尺寸 24mm 的极限偏差为 $+0.033\text{mm}$,总长尺寸 90mm 公差为 $\pm0.1\text{mm}$,未注公差尺寸的极限偏差按 GB/T 1804—2000m 级,同轴度公差为 $\phi0.03\text{mm}$,所有表面粗糙度值均为 $Ra3.2\mu m$。

2) 分析评分表

由表 11-1 可知,尾锥(SKCXCJ01-101)的评分表主要分为 4 个部分。

（1）外圆尺寸

外圆尺寸包括评分表中的第 1～6 项,共计 13 分。其中,$\phi38_{-0.039}^{0}\text{mm}$、$\phi48_{-0.039}^{0}\text{mm}$、$\phi43_{-0.039}^{0}\text{mm}$、$\phi32_{-0.039}^{0}\text{mm}$ 超差全扣,采用外径千分尺检测;外圆 $\phi43\text{mm}$、$\phi26\text{mm}$ 超差全扣。

（2）长度尺寸

长度尺寸包括评分表中的第 7～11、15 项，共计 12 分。其中，长度 $41^{+0.039}_{0}$ mm、$56^{+0.046}_{0}$ mm、$24^{+0.033}_{0}$ mm、$90^{+0.1}_{-0.1}$ mm 每处超差扣 2 分，长度 $8^{0}_{-0.022}$ mm 超差扣 3 分，长度 4mm 超差扣 1 分，采用深度千分尺和游标卡尺检测。

（3）成形面结构

成形面结构包括评分表中的 12～14 项、16 项，共计 6 分。其中，M30 螺纹采用通止规检验，不合格扣 4 分；倒角 $C10$、$C3$ 超差扣 0.5 分，采用游标卡尺检测。

（4）表面粗糙度、形位公差

所有加工面表面粗糙度值均为 $Ra3.2\mu m$，每处降一级全扣分，直到扣完为止。采用粗糙度标准块对比检测表面粗糙度。 ◎ $\phi0.03$　A 形位公差同轴度采用百分表和 V 形块进行检测，超差全扣分。

考证加工区别于工厂加工，除了要根据图样加工，还要对照评分表。由于"1＋X"考证为等级考证，分为初、中、高等级，所以当部分项目不达标时，不能放弃考试，应该做好其他项目。切忌考试过程只顾追求工件形状类似而不符合评分表中的质量要求。

2. 制订工艺路线

请根据零件的加工要求，分别从表 11-4 中选择零件的工艺简图，从表 11-5 中选择零件的工步内容，按正确顺序填写在表 11-6 零件的加工工艺中，并从附录 A 和附录 B 中选择合适的刀具、量具，参考附录 C 垃圾分类操作指引，完善表 11-6 中的其他内容。

表 11-4　尾锥（SKCXCJ01-101）的工艺简图

序号	工艺简图	序号	工艺简图
1		3	
2		4	

序号	工 艺 简 图	序号	工 艺 简 图
5		7	
6		8	

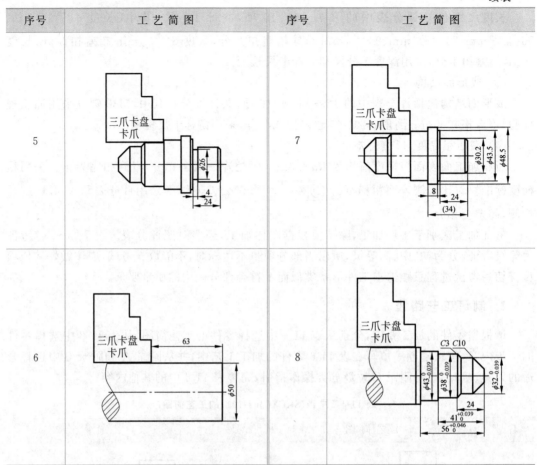

表 11-5　尾锥的工步内容

序号	工 步 内 容
1	车削 M30×2mm 外螺纹
2	粗车 ϕ48mm、ϕ43mm 外圆,外螺纹 M30 顶径 ϕ29.7mm 外圆柱面
3	车削 4mm×ϕ26mm 退刀槽
4	粗车 ϕ43mm、ϕ38mm、ϕ32mm 外圆柱面,倒角 C10、C3
5	精车 ϕ48mm、ϕ43mm 外圆,外螺纹 M30 顶径 ϕ29.7mm 外圆柱面,保证长度 $24^{+0.033}_{0}$ mm、$8^{0}_{-0.022}$ mm
6	车工件右端面
7	精车 ϕ43mm、ϕ38mm、ϕ32mm 外圆及倒角 C10、C3 等外形轮廓,保证长度 $41^{+0.039}_{0}$ mm、$56^{+0.046}_{0}$ mm 和 24mm
8	车工件左端面,保证总长(90±0.1)mm

表 11-6 ＿＿＿＿零件的加工工艺

工艺序号	工艺简图序号	工步内容序号	加工刀具	使用量具	将产生的生产垃圾	垃圾分类

3. 编写程序

1) 填写工艺卡片和刀具卡片

综合以上分析的各项内容,填写数控加工工艺卡片表 11-7 和刀具卡片表 11-8。

表 11-7　尾锥的数控加工工艺卡片

单位名称				产品型号	SKCXCJ01-101		
				产品名称	尾锥(SKCXCJ01-101)		
零件号	SKCXCJ01-101	材料型号	2A12	毛坯规格	棒料 $\phi50\times95$mm	设备型号	
工序号	工序名称	工步号	工步内容	切削参数			刀具准备
				n/(r/min)	a_p/mm	v_f/(mm/r)	刀具类型 / 刀位号
1	检查毛坯		用钢直尺检查毛坯尺寸不小于 $\phi50$mm$\times95$mm				
2	车	1	车工件右端面	800	0.3	手轮控制	35°外圆粗车刀　T02
		2	粗车外形轮廓	800	1	0.2	35°外圆粗车刀　T02
		3	精车外形轮廓	1200	0.5	0.1	35°外圆精车刀　T01
3	车	4	掉头车工件左端面并保证总长	800	0.3	手轮控制	35°外圆粗车刀　T02
		5	粗车 $\phi48$mm、$\phi43$mm 外圆,外螺纹顶径 $\phi29.7$mm 外圆等左端外形轮廓	800	1	0.2	35°外圆粗车刀　T02
		6	精车左端外形轮廓	1200	0.5	0.1	35°外圆精车刀　T01
		7	车削 4mm$\times\phi26$mm 退刀槽	500	4	0.05	4mm 切断刀　T04
		8	车削 M30$\times$2 外螺纹	500		1.5	60°螺纹刀　T03

表 11-8　数控加工刀具卡片

产品名称或代号				零件名称	尾锥	零件图号	CK001
序号	刀具号	偏置号	刀具名称及规格	材质	数量	刀尖半径	假想刀尖
1	01	01	35°右偏外圆车刀	硬质合金	1	0.4	3
2	02	02	35°右偏外圆车刀	硬质合金	1	0.8	3
3	03	03	60°螺纹车刀	硬质合金	1		
4	04	04	4mm切断车刀	硬质合金	1		

2）编写尾锥的加工程序

以沈阳数控车床 CAK4085（FANUC Series Oi Mate-TC 系统）为例，编写加工程序，如表 11-9 所示。

表 11-9　尾锥加工程序卡片

编程思路说明	顺序号	程序内容
程序号		O0011;
调用2号粗车外圆车刀及2号刀补，快速定位至安全点	N10	G99 G00 X100 Z100 T0202;
主轴正转启动	N20	M03 S800;
快速接近循环点	N30	G00 X51 Z3;
工件右端粗车复合循环指令 G71	N40	G71 U1 R0.5;
	N50	G71 P60 Q140 U0.5 W0.1 F0.2;
精加工程序段	N60	G00 X12;
	N70	G01 Z0 F0.1;
	N80	X32 Z-10;
	N90	Z-21;
	N100	X38 Z-24;
	N110	Z-41;
	N120	X43;
	N130	Z-56;
	N140	G00 X51;
退刀至安全区域，主轴停止	N150	G00 X100 Z100 M05;
程序暂停	N160	M00;
调用1号精车外圆车刀及1号刀补	N170	T0101;
精车转速	N180	M03 S1200;
快速接近循环点，刀尖半径右补偿	N190	G00 X51 Z3 G42;
精车循环	N200	G70 P60 Q140;
快速定位至安全点，取消刀尖半径补偿，主轴停止	N210	G40 G00 X100 Z100 M05;
程序结束	N220	M30;
掉头装夹加工工件左端		
工件左端加工程序号		O0012;
调用2号粗车外圆车刀及2号刀补，快速定位至安全点	N10	G99 G00 X100 Z100 T0202;
主轴正转启动	N20	M03 S800;

续表

编程思路说明	顺序号	程 序 内 容
快速接近循环点	N30	G00 X51 Z3；
工件右端粗车复合循环指令 G71	N40	G71 U1 R0.5；
	N50	G71 P60 Q140 U0.5 W0.1 F0.2；
精加工程序段	N60	G00 X26；
	N70	G01 Z0 F0.1；
	N80	X29.7 Z-2；
	N90	Z-24；
	N100	X43；
	N110	Z-26；
	N120	X48；
	N130	Z-34.5；
	N140	X51；
退刀至安全区域,主轴停止	N150	G00 X100 Z100 M05；
程序暂停	N160	M00；
调用 1 号精车外圆车刀及 1 号刀补	N170	T0101；
精车转速	N180	M03 S1200；
快速接近循环点,刀尖半径右补偿	N190	G00 X51 Z3 G42；
精车循环	N200	G70 P60 Q140；
快速定位至安全点,取消刀尖半径补偿,主轴停止	N210	G40 G00 X100 Z100 M05；
程序暂停	N220	M00；
调用 4 号切断刀及 4 号刀补	N230	T0404；
主轴正转,转速为 500r/min	N240	M03 S500；
快速接近切断定位点	N250	G00 X44 Z-26；
切断	N260	G01 X26 F0.05；
快速退刀至安全点	N270	G00 X100；
	N280	Z100；
主轴停止	N290	M05；
程序暂停	N300	M00；
调用 3 号外螺纹车刀及 3 号刀补	N310	T0303；
主轴正转,转速为 500r/min	N320	M03 S500；
快速接近车螺纹定位点	N330	G00 X32 Z5；
螺纹切削复合循环	N340	G76 P020060 Q100 R50；
	N350	G76 X27.4 Z-21 P1300 Q500 F2；
快速退刀至安全点,主轴停止	N360	G00 X100 Z100 M05；
程序结束	N370	M30；

4. 加工尾锥

尾锥的加工过程如表 11-10 所示。

表 11-10　尾锥的加工过程

序号	加工步骤	工艺简图	使用刀具	使用量具	加工方式	操作要点	本环节产生的生产垃圾	垃圾分类处理
1	用钢直尺检查毛坯尺寸不小于 $\phi50\text{mm}\times95\text{mm}$		—		—	—	手套	其他垃圾
2	车工件右端面				手动	夹持毛坯外圆,伸出长度 63mm,车右端面		
3	粗车外形轮廓				自动	游标卡尺检测各外圆是否有 0.5mm 余量	铝屑	可回收物

续表

序号	加工步骤	工艺简图	使用刀具	使用量具	加工方式	操作要点	本环节产生的生产垃圾	垃圾分类处理
4	精车外形轮廓				自动	外径千分尺检测 ϕ32mm、ϕ38mm 和 ϕ43mm 外圆,如尺寸偏大,则应在刀具补偿处减去多余的直径余量后,再次精车,直至符合尺寸要求。同时保证长度尺寸 $41^{+0.039}_{0}$ mm、$56^{+0.046}_{0}$ mm,倒角 C10、C3	铝屑	可回收物
5	掉头装夹、车工件左端面				手动	使用软爪夹持 ϕ38mm 外圆,端面贴紧三爪卡盘端面。使用百分表找正;车左端面,保证工件总长(90±0.1)mm		
6	粗车 ϕ48mm、ϕ43mm 外圆,外螺纹 M30 顶径外圆等左端外形轮廓				自动	游标卡尺检测各外圆是否有 0.5mm 余量		

续表

序号	加工步骤	工艺简图	使用刀具	使用量具	加工方式	操作要点	本环节产生的生产垃圾	垃圾分类处理
7	精车左端外形轮廓	$\phi48_{-0.039}^{0}$、$\phi43$、$\phi29.7$、$24_{0}^{+0.033}$、(34)、$8_{-0.022}^{0}$ 三爪卡盘卡爪				外径千分尺检测 $\phi48$mm、$\phi43$mm、$\phi29.7$mm 外圆，如尺寸偏大，则应在刀具补偿处减去多余的直径余量后，再次精车，直至符合尺寸要求，同时保证长度 $24_{0}^{+0.033}$ mm、$8_{-0.022}^{0}$ mm	铝屑	可回收物
8	车削 4mm×$\phi26$mm 退刀槽	$\phi26$、4、24 三爪卡盘卡爪			自动	游标卡尺检测槽宽 4mm，$\phi26$mm 是否符合要求		
9	车削 M30×2mm 外螺纹	M30×2-8g 三爪卡盘卡爪				螺纹车削时，利用螺纹环规检测螺纹是否加工到位		
10	设备保养		—	—	—	整理工作台物品，清洁数控车床并上油保养，清扫实训场地		有害垃圾

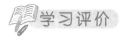学习评价

1. 学习过程评价

请你根据本次任务学习过程中的实际情况,在表 11-11 中对自己及学习小组进行评价。

表 11-11　学习过程评价表

学习小组:_____　　　姓名:_____　　　评价日期:_____

评价人	评 价 内 容	评 价 等 级	情况说明
自我评价	能否按 5S 要求规范着装	能 □　不确定 □　不能 □	
	能否针对学习内容主动与其他同学进行沟通	能 □　不确定 □　不能 □	
	能否叙述尾锥零件的加工工艺过程	能 □　不确定 □　不能 □	
	能否正确编写尾锥零件的加工程序	能 □　不确定 □　不能 □	
	能否规范使用工具、量具、刀具加工零件	能 □　不确定 □　不能 □	
	你自己加工的尾锥零件的完成情况如何	按图纸要求完成 □ 基本完成 □　没有完成 □	
	能否独立且正确检测零件尺寸	能 □　不确定 □　不能 □	
小组评价	小组所使用的工具、量具、刀具能否按 5S 要求摆放	能 □　不确定 □　不能 □	
	小组组员之间团结协作、沟通情况如何	好 □　一般 □　差 □	
	小组所有成员是否都能完成尾锥的加工	能 □　不能 □	
教师评价	学生个人在小组中的学习情况	积极 □　懒散 □ 技术强 □　技术一般 □	
	学习小组在学习活动中的表现情况	好 □　一般 □　差 □	

2. 专业技能评价

请参照零件图 11-1,使用游标卡尺、千分尺等量具,对尾锥零件进行检测,把检测结果填写在表 11-1 中。

练习与作业

1. 课堂练习

1) 填空题

(1) 尾锥零件选用的毛坯尺寸为_____,材料为_____。

(2) 分析图样,未注公差尺寸的极限偏差按_____。

(3) 分析评分表,尾锥工件表面粗糙度的检测工具是_____。

(4) 结合已学知识,粗车复合固定循环指令有 G71、_____、_____等。

(5) 分析图样,螺纹的螺距为_____、公差为_____。

2) 判断题

(1) 尾锥各外圆尺寸的极限偏差均为−0.039mm。　　　　　　　　　　　(　　)

(2) 尾锥的所有棱边、锐边不需要进行倒钝处理。　　　　　　　　　　　　（　　　）

(3) 尾锥各处表面粗糙度没有要求。　　　　　　　　　　　　　　　　　　（　　　）

(4) 测量尾锥各段长度尺寸时,只能用游标卡尺测量。　　　　　　　　　　（　　　）

(5) 检测 M30×2 螺纹时,采用螺纹环规检测螺纹,通规不能通过,止规能通过则为合格。　　　　　　　　　　　　　　　　　　　　　　　　　　　　　　　　（　　　）

(6) 考官在考核过程中不用观察考生操作是否存在安全隐患。　　　　　　（　　　）

(7) 为保证精加工,粗加工时留的余量要一样。　　　　　　　　　　　　　（　　　）

(8) 刀具进给路线的设计主要考虑加工的安全和质量,不需要考虑加工效率。（　　　）

(9) 尾锥零件的同轴度基准为 $\phi38$mm 外圆柱面。　　　　　　　　　　　（　　　）

(10) 尾锥加工时产生的铁屑是可回收垃圾,可以随意丢弃。　　　　　　　（　　　）

3) 选择题

(1) M30×2 外螺纹的加工,以下说法错误的是(　　　　)。

    A. 优先选用手动攻螺纹　　　　　　　　　B. 螺距为 2mm

    C. 顶径为 $\phi29.7$mm　　　　　　　　　　D. 细牙螺纹

(2) 以下可以作为主轴正转指令的是(　　　　)。

    A. M20　　　　　　　B. M21　　　　　　　C. M30　　　　　　　D. M03

(3) 尾锥图样中,C10 代表(　　　　)。

    A. R10mm 圆角　　　　　　　　　　　B. 10mm×45°倒角

    C. 10 个倒角　　　　　　　　　　　　　D. 10mm×60°倒角

(4) 编程原点应尽量选择在零件的(　　　　)或设计基准上,以减小加工误差。

    A. 切削基准　　　　B. 工件的左端面　　　C. 工艺基准　　　　D. 装夹基准

(5) 尾锥加工的形位公差要求为(　　　　)。

    A. 同轴度　　　　　　B. 垂直度　　　　　　C. 圆柱度　　　　　D. 平面度

(6) (多选题)尾锥的加工包含(　　　　)等加工要素。

    A. 外圆柱面　　　　　B. 倒角　　　　　　　C. 圆弧

    D. 槽加工　　　　　　E. 外螺纹

4) 思考题

(1) 结合尾锥的加工过程,试述保证调头时的装夹方法。

(2) 结合尾锥的加工过程,写出螺纹 M30×2 底径、牙高等加工参数的计算过程。

2. 课后作业

请你结合本次任务的学习情况，在课后撰写学习报告，并上传至线上学习平台。学习报告内容要求如下。

（1）绘制一张本次任务所学知识和技能的思维导图。

（2）总结自己或者小组在学习过程中出现的问题以及解决方法。

（3）撰写学习心得与反思。

生产任务工单

任务名称		使用设备		加 工 要 求	
零件图号		加工数量			
下单时间		接单小组			
要求完成时间		责任人			
实际完成时间		生产人员			
产品质量检测记录					
检 测 项 目		自 检 结 果		质检员检测结果	
1	零件完整性				
2	零件关键尺寸不合格数目				
3	零件表面质量				
4	是否符合装配要求				
零件质量最终检测结果及处理意见					
验收人		存放地点		验收日期	

学习任务 *12*

阶梯轴的加工

阶梯轴
的加工
视频

阶梯轴实物图

学习内容

```
                    1. 分析零件图样

                    2. 分析评分要素

                    3. 制订工艺路线

        阶          4. 编写加工程序
        梯
        轴
        的          5. 加工阶梯轴零件
        加
        工          6. 学习评价

                    7. 练习与作业

                    8. 填写任务工单
```

学习目标

◇ **知识目标**

（1）识读阶梯轴的零件图样，清楚其加工要素。

（2）明确阶梯轴的考核内容及要求。

◇ **技能目标**

（1）能正确制订阶梯轴的加工工艺。

（2）能正确编写阶梯轴的加工程序。

（3）能加工出合格的阶梯轴零件。

（4）能正确选择量具对阶梯轴零件进行质量检测。

（5）能按评分表要求正确评分。

◇ **素质目标**

（1）能够制订自我工作计划。

（2）能够规范着装，在考核过程中做好安全防护。

（3）能够按 5S 要求做好工位的整理与清洁工作。

◇ **核心素养目标**

（1）具备精益求精的工匠精神，能按照阶梯轴的考核标准检测零件质量。

（2）加强安全文明生产意识，实操过程中能严格按照安全文明生产要求规范操作。

（3）强化纪律意识，清楚考场守则，能严格遵守考场纪律。

（4）加强环保意识，节约学习资源，对各类生产垃圾能有效分类并按要求投放。

（扫描可观看）

　　阶梯轴是"1＋X"数控车铣加工职业技能等级考试（初级）真题，主要考查学生图样分析、外圆柱面加工、圆弧加工、切槽、螺纹加工的能力和安全文明生产素养。零件图与评分表分别如图 12-1、表 12-1 所示。

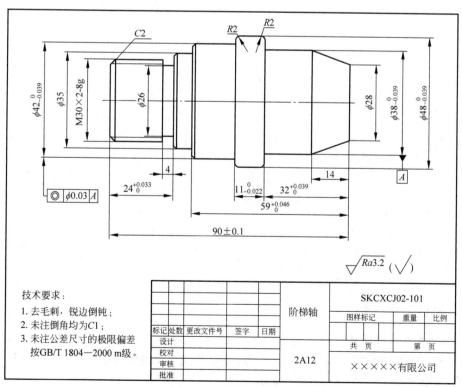

图 12-1　阶梯轴零件图

表 12-1　阶梯轴评分表

数控车铣加工职业技能等级标准(初级)评分表——阶梯轴										
试题编号			考生代码					配分	39	
场次			工位编号			工件编号		成绩小计		
序号	配分	尺寸类型	公称尺寸	上偏差	下偏差	上极限尺寸	下极限尺寸	实际尺寸	得分	备注
A-主要尺寸										
1	4	ϕ	38	0	−0.039	38	37.961			
2	3	ϕ	48	0	−0.039	48	47.961			
3	2.5	ϕ	42	0	−0.039	42	41.961			
4	1	ϕ	35	0.2	−0.2	35.2	34.8			
5	1.5	ϕ	26	0.2	−0.2	26.2	25.8			
6	2	L	32	0.039		32.039	32			
7	2	L	59	0.046		59.046	59			
8	2	L	24	0.033	0	24.033	24			
9	3	L	11	0	−0.022	11	10.978			
10	0.5	L	14	0.2	−0.2	14.2	13.8			
11	1.5	L	4	0.2	−0.2	4.2	3.8			
12	0.5	ϕ	28	0.2	−0.2	28.2	27.8			
13	1	C	1	0.2	−0.2	1.2	0.8			
14	0.5	C	2							
15	2	L	90	0.1	−0.1	90.1	89.9			
16	4	螺纹	M30×2-8g							
B-形位公差										
1	3	同轴度	0.03	0		0.00	0.03	0.00		
C-表面粗糙度										
1	5	表面质量	$Ra3.2$	0		0	3.2	0		
总计										
检测考评员签字										

 任务分析

1. 制订工作计划

利用数控车技能完成阶梯轴的制作,分别需要完成选择毛坯材料,选取工具、量具、刀具,制订加工工艺,编写加工程序,加工零件,质量检测,5S 现场作业,填写生产任务工单八项内容,请完善表 12-2 工作计划表中的相关内容。

表 12-2　阶梯轴工作计划

姓名		工位号	
序号	任 务 内 容	计划用时	完成时间
1	选择毛坯材料		
2	选取工具、量具、刀具		
3	制订加工工艺		
4	编写加工程序		
5	加工零件		
6	质量检测		
7	5S 现场作业		
8	填写生产任务工单		

2. 选取加工设备及物料

请根据阶梯轴的零件图及工作计划,选取加工阶梯轴零件所需要的毛坯、数控设备、刀具、量具等,填写在表 12-3 中。

表 12-3　阶梯轴的设备及物料

序号	名　称	规格型号	数　量	备　注

任务实施

1. 分析试题

1) 分析零件图样

由图 12-2 可知,阶梯轴由 4 个外圆柱面、1 个锥度、1 个螺纹、1 个退刀槽、4 个圆角及 3 处倒角等加工要素构成。毛坯材料为 2Al2 铝,毛坯尺寸为 $\phi50\text{mm} \times 95\text{mm}$,$\phi38\text{mm}$、$\phi48\text{mm}$、$\phi42\text{mm}$ 此 3 处外圆柱面尺寸的极限偏差均为 -0.039mm,长度尺寸 32mm 的极限偏差为 $+0.039\text{mm}$,长度尺寸 59mm 的极限偏差为 $+0.046\text{mm}$,长度尺寸 24mm 的极限偏差为 $+0.033\text{mm}$,长度尺寸 11mm 的极限偏差为 -0.022mm,长度尺寸 90mm 的极限偏差为 $\pm0.1\text{mm}$,$\phi38\text{mm}$、$\phi48\text{mm}$、$\phi42\text{mm}$ 外圆柱面、锥面及螺纹各加工表面的表面粗糙度值均为 $Ra3.2\mu\text{m}$。

2) 分析评分表

由表 12-1 可知,阶梯轴(SKCXCJ02-101)的评分表主要分为 4 个部分。

(1) 外圆尺寸

外圆尺寸包括评分表中的第 1~6 项，共计 10.5 分。其中，$\phi 38_{-0.039}^{0}$ mm、$\phi 48_{-0.039}^{0}$ mm、$\phi 42_{-0.039}^{0}$ mm 超差全扣，采用外径千分尺检测；外圆 $\phi 35$ mm、$\phi 26$ mm、$\phi 28$ mm 超差全扣。

(2) 长度尺寸

长度尺寸包括评分表中的第 8~10、16 项，共计 11 分。其中，长度 $32_{0}^{+0.039}$ mm、$59_{0}^{+0.046}$ mm、$24_{0}^{+0.033}$ mm、$11_{-0.022}^{0}$ mm、(90 ± 0.1) mm 超差全扣，采用游标卡尺检测。

(3) 成形面结构

成形面结构包括评分表中的 11~15 项、17 项，共计 11.5 分。其中，M30×2-8g 螺纹采用通止规检验，不合格扣 4 分，$\phi 28$ mm、$\phi 38$ mm 锥度超差扣完为止，采用游标卡尺检测；螺纹和锥面的表面粗糙度值为 $Ra3.2\mu m$，降级扣分；4mm×2mm 退刀槽的直径 $\phi 26$ mm、宽度 4mm，超差扣分，采用游标卡尺检测；倒角 1×45°、2×45°，差一处扣 0.5 分。所有表面粗糙度采用粗糙度标准块对比检测。

(4) 表面粗糙度、形位公差

$\phi 38_{-0.039}^{0}$ mm、$\phi 48_{-0.039}^{0}$ mm、$\phi 42_{-0.039}^{0}$ mm 外圆柱面、螺纹表面和锥面这 5 处要求表面粗糙度值为 $Ra3.2\mu m$，每处降级各扣 1 分，采用粗糙度标准块对比检测表面粗糙度；形位公差同轴度采用百分表和 V 形块进行检测。

考证加工区别于工厂加工，除了要根据图样加工，还要对照评分表。由于"1+X"考证为等级考证，分为初、中、高等级，所以当部分项目不达标时，不能放弃考试，应该做好其他项目。切忌考试过程只顾追求工件形状类似而不符合评分表中的质量要求。

2. 制订工艺路线

请根据零件的加工要求，分别从表 12-4 中选择零件的工艺简图，从表 12-5 中选择零件的工步内容，按正确顺序填写在表 12-6 零件的加工工艺中，并从附录 A 和附录 B 中选择合适的刀具、量具，参考附录 C 垃圾分类操作指引，完善表 12-6 中其他的内容。

表 12-4　阶梯轴的工艺简图

序号	工艺简图	序号	工艺简图
1		2	

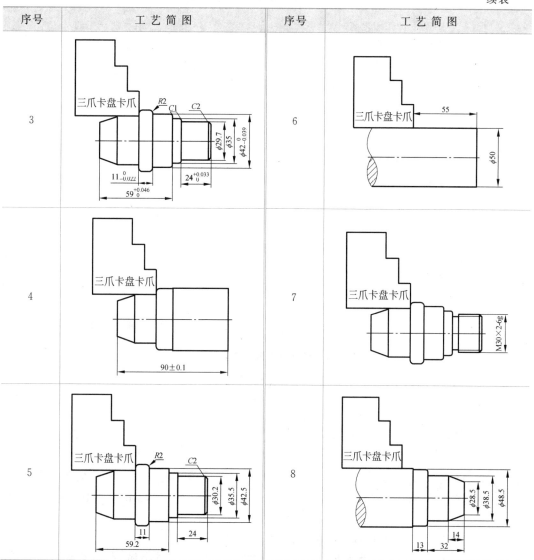

序号	工艺简图	序号	工艺简图
3		6	
4		7	
5		8	

表 12-5　阶梯轴的工步内容

序号	工 步 内 容
1	车削 4mm×2mm 退刀槽
2	粗车 ϕ38mm、ϕ48mm 外圆柱面、R2 圆角、锥度等外形轮廓
3	车削 M30×2 外螺纹
4	车工件右端面
5	粗车 ϕ42mm、ϕ35mm 外圆柱面、外螺纹顶径 ϕ29.7mm、R2 圆角、倒角等外形轮廓
6	精车 ϕ38mm、ϕ48mm 外圆柱面、R2 圆角、锥度等外形轮廓,保证长度 32mm
7	车削工件左端面,保证总长(90±0.1)mm
8	精车 ϕ42mm、ϕ35mm 外圆柱面、外螺纹顶径 ϕ29.7mm、R2 圆角、倒角等外形轮廓,保证长度 59mm、24mm、11mm

表 12-6　阶梯轴零件的加工工艺

工艺序号	工艺简图序号	工步内容序号	加 工 刀 具	使 用 量 具	将产生的生产垃圾	垃圾分类

3. 编写程序

1）填写工艺卡片和刀具卡片

综合以上分析的各项内容，填写数控加工工艺卡片表 12-7 和刀具卡片表 12-8。

表 12-7　阶梯轴的数控加工工艺卡片

单位名称				产品型号		SKCXCJ02-101			
				产品名称		阶梯轴			
零件号	SKCXCJ02-101	材料型号	2Al2	毛坯规格		棒料 $\phi 50 \times 95\text{mm}$		设备型号	
工序号	工序名称	工步号	工 步 内 容	切 削 参 数			刀 具 准 备		
				$n/(\text{r/min})$	a_p/mm	$v_\text{f}/(\text{mm/r})$	刀具类型		刀位号
1	检查毛坯		用钢直尺检查毛坯尺寸不小于 $\phi 50\text{mm} \times 95\text{mm}$						
2	车	1	车工件右端面	800	0.3	手轮控制	35°外圆粗车刀		T02
		2	粗车 $\phi 38\text{mm}$、$\phi 48\text{mm}$ 外圆、锥度等右端外形轮廓	800	1	0.2	35°外圆粗车刀		T02
		3	精车右端外形轮廓	1200	0.5	0.1	35°外圆精车刀		T01
3	车	4	掉头车工件左端面并保证总长	800	0.3	手轮控制	35°外圆粗车刀		T02
		5	粗车 $\phi 42\text{mm}$、$\phi 35\text{mm}$ 外圆、外螺纹顶径等左端外形轮廓	800	1	0.2	35°外圆粗车刀		T02
		6	精车左端外形轮廓	1200	0.5	0.1	35°外圆精车刀		T01
		7	车削 4mm×2mm 退刀槽	500	4	0.05	4mm 切断刀		T04
		8	车削 M30×2 外螺纹	400		2	60°螺纹刀		T03

表 12-8　数控加工刀具卡片

产品名称或代号				零件名称	阶梯轴	零件图号	SKCXCJ02-101
序号	刀具号	偏置号	刀具名称及规格	材　质	数量	刀尖半径	假想刀尖
1	01	01	35°右偏外圆车刀	硬质合金	1	0.4	3
2	02	02	35°右偏外圆车刀	硬质合金	1	0.8	3
3	03	03	60°螺纹车刀	硬质合金	1		
4	04	04	4mm切断车刀	硬质合金	1		

2）编写阶梯轴的加工程序

以沈阳数控车床 CAK4085（FANUC Series Oi Mate-TC 系统）为例，编写加工程序，如表 12-9 所示。

表 12-9　阶梯轴加工程序卡片

编程思路说明	顺序号	程 序 内 容
工件右端加工程序号		O1401；
调用 2 号粗车外圆车刀及 2 号刀补，快速定位至安全点	N10	G99 G00 X100 Z100 T0202；
主轴正转启动，转速 800r/min	N20	M03 S800；
快速接近循环起点	N30	G00 X52 Z3；
工件右端粗车复合循环指令 G71	N40	G71 U1 R0.5；
	N50	G71 P60 Q130 U0.5 W0.1 F0.2；
	N60	G00 X28；
	N70	G01 Z0 F0.1；
	N80	X38 Z-14；
工件右端精加工程序段	N90	Z-32；
	N100	X44；
	N110	G03 X48 W-2 R2；
	N120	G01 Z-45；
	N130	G00 X52；
退刀至安全区域，主轴停止	N140	G00 X100 Z100 M05；
程序暂停	N150	M00；
调用 1 号精车外圆车刀及 1 号刀补	N160	T0101；
精车转速	N170	M03 S1200；
快速接近循环点，刀尖半径右补偿	N180	G00 X51 Z3 G42；
精车循环	N190	G70 P60 Q130；
快速定位至安全点，取消刀尖半径补偿，主轴停止	N200	G40 G00 X100 Z100 M05；
程序暂停	N210	M30；
掉头装夹加工工件左端		
工件左端加工程序号		O1402；
调用 2 号粗车外圆车刀及 2 号刀补，快速定位至安全点	N10	G99 G00 X100 Z100 T0202；
主轴正转启动，转速 800r/min	N20	M03 S800；
快速接近循环点	N30	G00 X52 Z3；
工件左端粗车复合循环指令 G71	N40	G71 U1 R0.5；
	N50	G71 P60 Q190 U0.5 W0.2 F0.2；

续表

编程思路说明	顺序号	程 序 内 容
	N60	G00 X25.7;
	N70	G01 Z0 F0.1;
	N80	X29.7 Z-2;
	N90	Z-24;
	N100	X33;
	N110	X35 Z-25;
工件左端精加工程序段	N120	Z-31;
	N130	X40;
	N140	X42 Z-32;
	N150	Z-47;
	N160	X44;
	N170	G03 X48 W-2 R2;
	N180	G01 X48 Z-49.2;
	N190	G00 X52;
退刀至安全区域,主轴停止	N200	G00 X100 Z100 M05;
程序暂停	N210	M00;
调用 1 号精车外圆车刀及 1 号刀补	N220	T0101;
精车转速	N230	M03 S1200;
快速接近循环点,刀尖半径右补偿	N240	G00 X51 Z3 G42;
精车循环	N250	G70 P60 Q190;
快速定位至安全点,取消刀尖半径补偿,主轴停止	N260	G40 G00 X100 Z100 M05;
程序暂停	N270	M00;
调用 4 号切断刀及 4 号刀补	N280	T0404;
主轴正转,转速 500r/min	N290	M03 S500;
快速接近切槽定位点	N300	G00 X36 Z-24;
切槽	N310	G01 X26 F0.05;
快速退刀至安全点	N320	G00 X100;
	N330	Z100;
主轴停止	N340	M05;
程序暂停	N350	M00;
调用 3 号外螺纹车刀及 3 号刀补	N360	T0303;
主轴正转,转速 500r/min	N370	M03 S400;
快速接近车螺纹定位点	N380	G00 X35 Z5;
螺纹切削复合循环	N390	G76 P020060 Q100 R50;
	N400	G76 X27.4 Z-22 P1300 Q500 F2;
快速退刀至安全点,主轴停止	N410	G00 X100 Z100 M05;
程序结束	N420	M30;

4. 加工阶梯轴(SKCXCJ02-101)

阶梯轴的加工过程如表 12-10 所示。

表 12-10　阶梯轴（SKCXCJ02-101）的加工过程

序号	加工步骤	工艺简图	使用刀具	使用量具	加工方式	操作要点	本环节产生的生产垃圾	垃圾分类处理
1	用钢直尺检查毛坯尺寸不小于 ϕ50mm×95mm	ϕ50, 95			—	—	手套	其他垃圾
2	车工件右端面	ϕ50, 55, 三爪盘卡爪			手动	夹持毛坯外圆，伸出长度55mm，车右端面		
3	粗车 ϕ38mm、ϕ48mm 外圆等右端外形轮廓	ϕ48.5, ϕ38.5, ϕ28.5, 14, 32, 13, 三爪卡盘卡爪			自动	游标卡尺检测各外圆是否有0.5mm余量	铝屑	可回收物

续表

序号	加工步骤	工艺简图	使用刀具	使用量具	加工方式	操作要点	本环节产生的生产垃圾	垃圾分类处理
4	精车右端外形轮廓				自动	外径千分尺检测 φ38mm 外圆，如尺寸偏大，则应在刀具补偿处把多余的直径余量减去后，再次精车，直至符合尺寸要求，同时保证长度 $32^{+0.039}_{0}$ mm		可回收物
5	掉头装夹，车工件左端面				手动	使用软爪夹持 φ38mm 外圆，φ48mm 侧面卡紧三爪卡盘端面，使用百分表找正；车左端面，保证工件总长 (90±0.1)mm		
6	粗车 φ42mm，φ35mm 外圆，外螺纹顶径外圆等左端外形轮廓				自动	游标卡尺检测各外圆是否有 0.5mm 余量		

续表

序号	加工步骤	工艺简图	使用刀具	使用量具	加工方式	操作要点	本环节产生的生产垃圾	垃圾分类处理
7	精车左端外形轮廓	φ42−0.039, φ35, φ29.7, 24+0.033/0, 59+0.046/0, 11 0/−0.022, R2, C1, C2（三爪卡盘卡爪）				外径千分尺检测 φ42mm，φ35mm，φ29.7mm 外圆，如尺寸偏大，则应在刀具补偿去后，再次精车，直至符合尺寸要求。同时多余的直径余量减去后，保证长度 $59^{+0.046}_{0}$ mm，$24^{+0.033}_{0}$ mm，$11^{0}_{-0.022}$ mm	铝屑	可回收物
8	车削 4mm×φ26mm 退刀槽	φ26, 4（三爪卡盘卡爪）			自动	游标卡尺检测槽宽 4mm，槽深 2mm 是否符合要求		
9	车削 M30×2-8g 外螺纹	M30×2-6g（三爪卡盘卡爪）				螺纹车削时，利用螺纹环规检测螺纹是否加工到位		
10	设备保养	—	—	—	—	整理工作台物品，清洁数控车床并上油保养，清扫实训场地		有害垃圾

 学习评价

1. 学习过程评价

请你根据本次任务学习过程中的实际情况,在表 12-11 中对自己及学习小组进行评价。

表 12-11　学习过程评价表

学习小组:_____　　　　姓名:_____　　　　评价日期:_____

评价人	评价内容	评价等级	情况说明
自我评价	能否按 5S 要求规范着装	能 □　不确定 □　不能 □	
	能否针对学习内容主动与其他同学进行沟通	能 □　不确定 □　不能 □	
	是否能叙述阶梯轴零件的加工工艺过程	能 □　不确定 □　不能 □	
	能否正确编写阶梯轴零件的加工程序	能 □　不确定 □　不能 □	
	能否规范使用工具、量具、刀具加工零件	能 □　不确定 □　不能 □	
	你自己加工的阶梯轴零件的完成情况如何	按图纸要求完成 □ 基本完成 □　没有完成 □	
	能否独立且正确检测零件尺寸	能 □　不确定 □　不能 □	
小组评价	小组所使用的工具、量具、刀具能否按 5S 要求摆放	能 □　不确定 □　不能 □	
	小组组员之间团结协作、沟通情况如何	好 □　一般 □　差 □	
	小组所有成员是否都完成阶梯轴的加工	能 □　不能 □	
教师评价	学生个人在小组中的学习情况	积极 □　懒散 □ 技术强 □　技术一般 □	
	学习小组在学习活动中的表现情况	好 □　一般 □　差 □	

2. 专业技能评价

请参照零件图 12-1,使用游标卡尺、千分尺等量具,分别对自己与组员加工的阶梯轴零件进行检测,并把检测结果填写在表 12-1 中。

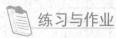 练习与作业

1. 课堂练习

1) 填空题

(1) 阶梯轴零件选用的毛坯尺寸为_____,材料为_____。

(2) 分析阶梯轴图样,未注倒角为_____。

(3) 分析评分表,M30×2 螺纹的检测工具是_____。

(4) 结合已学知识,螺纹加工指令有 G32、_____、_____等。

(5) 分析阶梯轴图样,退刀槽尺寸为_____。

2) 判断题

(1) 阶梯轴各外圆尺寸的极限偏差均为 -0.039mm。　　　　　　　　　　(　)

(2) 阶梯轴所有棱边、锐边不需要进行倒钝处理。　　　　　　　　　　（　　）

(3) 精加工要采用尽量小的进给速度和切削速度。　　　　　　　　　（　　）

(4) 可以使用锉刀、砂布修饰零件表面。　　　　　　　　　　　　　（　　）

(5) 检测表面粗糙度时采用粗糙度标准块进行对比。　　　　　　　　（　　）

(6) 考官在考核过程中，观察考生操作是否存在安全隐患，若存在隐患，则应及时给予警告；隐患严重者、不听劝告者，甚至发生重大事故，则取消考试。　　（　　）

(7) 加工程序的编制，必须连续加工不允许手动加工。　　　　　　　（　　）

(8) 对于一般轴类零件的加工采用特种加工类数控机床。　　　　　　（　　）

(9) 操作千分尺检测尺寸，当接近被测尺寸时，不要拧微分筒，应当拧棘轮。（　　）

(10) 设备保养时使用的机油是有害垃圾，不能随意丢弃。　　　　　　（　　）

3）选择题

(1) M30×2 外螺纹的加工，以下说法错误的是（　　）。

　　A. 优先选用手动攻螺纹　　　　　　　　B. 螺距为 2mm

　　C. 顶径为 ϕ29.7mm　　　　　　　　　D. 细牙螺纹

(2) 以下尺寸加工精度要求最高的是（　　）。

　　A. (90±0.1)mm　　　　　　　　　　　B. (14±0.1)mm

　　C. $\phi 38_{-0.039}^{0}$ mm　　　　　　　　　D. 44mm

(3) 阶梯轴图样中，1.5×45°代表（　　）。

　　A. R1.5mm 圆角　　　　　　　　　　　B. 1.5×45°倒角

　　C. 1.5 个倒角　　　　　　　　　　　　D. 1.5×60°倒角

(4) 下列量具中，未在本学习任务中使用的是（　　）。

　　A. 游标卡尺　　　　　　　　　　　　　B. 外径千分尺

　　C. 游标高度卡尺　　　　　　　　　　　D. 钢直尺

(5) 能够测量锥度的量具是（　　）。

　　A. 游标卡尺　　　B. 万能角度尺　　　C. 螺纹塞规　　　D. 内径千分尺

(6) 编写数控车床程序时，相对坐标用（　　）表示。

　　A. X_ Z_　　　　B. U_ W_　　　　　C. X_ Y_　　　　D. U_ V_

(7) 在车床上安装工件时，能自动定心的附件是（　　）。

　　A. 花盘　　　　　B. 四爪卡盘　　　　C. 三爪卡盘　　　D. 中心架

(8) 数控车削用车刀一般分为三类，即（　　）。

　　A. 环形刀、盘形刀和成形刀　　　　　　B. 球头刀、盘形刀和成形刀

　　C. 球头刀、鼓形刀和成形刀　　　　　　D. 尖形刀、圆弧形车刀和成形刀

(9) (多选题)阶梯轴的加工，包含（　　）等加工要素。

　　A. 外圆柱面　　　B. 锥度　　　　　　C. 圆弧　　　　　D. 槽加工

　　E. 外螺纹　　　　F. 倒角

(10) (多选题)夹紧力的三要素包括（　　）。

　　A. 夹紧力的大小　　　　　　　　　　　B. 夹紧力的变形

　　C. 夹紧力的方向　　　　　　　　　　　D. 夹紧力的作用点

4）思考题

（1）结合阶梯轴的加工过程，说一说为什么工件伸出长度为 95mm？

（2）解释以下粗车复合循环指令的含义。

```
N40 G71 U1 R0.5;
N50 G71 P60 Q130 U0.5 W0.1 F0.2;
```

2. 课后作业

请你结合本次任务的学习情况，在课后撰写学习报告，并上传至线上学习平台。学习报告内容要求如下。

（1）绘制一张本次任务所学知识和技能的思维导图。

（2）总结自己或者小组在学习过程中出现的问题以及解决方法。

（3）撰写学习心得与反思。

生产任务工单

任务名称		使用设备		加 工 要 求	
零件图号		加工数量			
下单时间		接单小组			
要求完成时间		责任人			
实际完成时间		生产人员			
产品质量检测记录					
检 测 项 目		自 检 结 果		质检员检测结果	
1	零件完整性				
2	零件关键尺寸不合格数目				
3	零件表面质量				
4	是否符合装配要求				
零件质量最终检测结果及处理意见					
验收人		存放地点		验收日期	

学习任务 13

传动轴 1 的加工

传动轴 1 实物图

学习内容

传动轴1的加工
- 1. 分析零件图样
- 2. 分析评分要素
- 3. 制订工艺路线
- 4. 编写加工程序
- 5. 加工传动轴1零件
- 6. 学习评价
- 7. 练习与作业
- 8. 填写任务工单

学习目标

◇ **知识目标**

(1) 识读传动轴1的零件图样,清楚其加工要素。

(2) 明确传动轴1的考核内容及要求。

◇ **技能目标**

(1) 能正确制订传动轴1的加工工艺。

(2) 能正确编写传动轴1的加工程序。

(3) 能加工出合格的传动轴1零件。

(4) 能正确选择量具对传动轴1零件进行质量检测。

（5）能按评分表要求正确评分。

◇ **素质目标**

（1）能够制订自我工作计划。

（2）能够规范着装，在考核过程中做好安全防护。

（3）能够按5S要求做好工位的整理与清洁工作。

◇ **核心素养目标**

（1）践行精益求精的工匠精神，严格按照传动轴1的考核要求检测零件质量。

（2）强化安全文明生产意识，规范操作设备。

（3）强化纪律意识，严格遵守考场纪律。

（4）强化环保意识，节约学习资源，自觉做好各类生产垃圾的有效分类。

 课前思政小故事

（扫描可观看）

 任务描述

传动轴1是"1+X"数控车铣加工职业技能等级考试（初级）中的数控车真题，考查学生图样分析、外圆柱面加工、圆弧加工、切槽、螺纹加工的能力和安全文明生产素养。零件图与评分表分别如图13-1、表13-1所示。

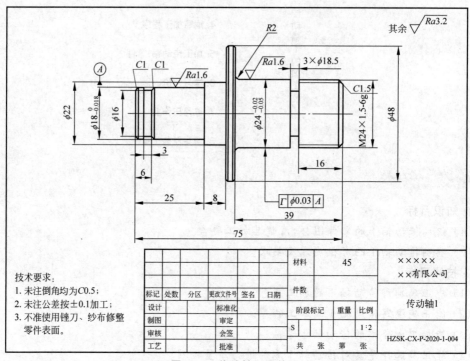

图 13-1   传动轴1零件图

表 13-1　传动轴 1 评分表

工件名称	传动轴 1								
检测评分记录（由检测师填写）									
序号	配分	尺寸类型	公称尺寸	上偏差	下偏差	上极限尺寸	下极限尺寸	实际尺寸	得分	评分标准
A-主要尺寸　共 27 分									
1	1.5	ϕ	48	0.1	−0.1	48.1	47.9			超差全扣
2	3	ϕ	24	−0.02	−0.05	23.98	23.95			超差全扣
3	1.5	ϕ	18.5	0.1	−0.1	18.6	18.4			超差全扣
4	1.5	L	39	0.1	−0.1	39.1	38.9			超差全扣
5	1.5	L	16	0.1	−0.1	16.1	15.9			超差全扣
6	1.5	ϕ	22	0.1	−0.1	22.1	21.8			超差全扣
7	3	ϕ	18	0	−0.018	18	17.982			超差全扣
8	1.5	ϕ	16	0.1	−0.1	16.1	15.9			超差全扣
9	1.5	L	75	0.1	−0.1	75.1	74.9			超差全扣
10	1.5	L	25	0.1	−0.1	25.1	24.9			超差全扣
11	1.5	L	8	0.1	−0.1	8.1	7.9			超差全扣
12	2	C	1	0.1	−0.1	1.1	0.9			2 处
13	1	C	1.5	0.1	−0.1	1.6	1.4			超差全扣
14	1.5	R	2	0.1	−0.1	2.1	1.9			超差全扣
15	3	螺纹	M24×1.5-6g							合格/不合格
B-形位公差　共 3 分									
16	3	同轴度	0.03	0	0.00	0.03	0.00			超差全扣
C-表面粗糙度　共 4 分									
17	2	表面质量	$Ra1.6$							超差全扣
18	2	表面质量	$Ra3.2$							超差全扣
总配分数			34	合计得分						

 任务分析

1. 制订工作计划

利用数控车技能完成传动轴 1 的制作，分别需要完成选择毛坯材料，选取工具、量具、刀具，制订加工工艺，编写加工程序，加工零件，质量检测，5S 现场作业，填写生产任务工单八项内容，请完善表 13-2 工作计划表中的相关内容。

表 13-2　传动轴 1 工作计划

姓名		工位号	
序号	任务内容	计划用时	完成时间
1	选择毛坯材料		
2	选取工具、量具、刀具		
3	制订加工工艺		

续表

序号	任 务 内 容	计划用时	完成时间
4	编写加工程序		
5	加工零件		
6	质量检测		
7	5S 现场作业		
8	填写生产任务工单		

2. 选取加工设备及物料

请根据传动轴 1 的零件图及工作计划,选取加工传动轴 1 零件所需要毛坯、数控设备、刀具、量具等,填写在表 13-3 中。

表 13-3　传动轴 1 的设备及物料

序号	名　　称	规格型号	数　　量	备　　注

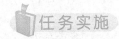
任务实施

1. 分析试题

1) 分析零件图样

由图 15-2 可知,传动轴 1 由 4 个外圆柱面、1 个螺纹、1 个沟槽、1 个退刀槽、1 个圆角及 5 处倒角等加工要素构成。毛坯材料为 45 号钢材,毛坯尺寸为 $\phi50\text{mm}\times80\text{mm}$。$\phi18\text{mm}$ 外圆柱面尺寸的极限偏差均为 -0.018mm,$\phi24\text{mm}$ 外圆柱面尺寸的极限偏差均为 -0.02 至 -0.05mm,其余外圆柱及所有长度尺寸均为自由公差,按 ±0.1 加工。$\phi18\text{mm}$、$\phi24\text{mm}$ 外圆柱面的表面粗糙度值为 $Ra1.6\mu\text{m}$,其余加工表面的表面粗糙度值均为 $Ra3.2\mu\text{m}$。

2) 分析评分表

由表 13-1 可知,传动轴 1 的评分表主要分为 4 个部分。

(1) 外圆尺寸

外圆尺寸包括评分表中的第 1、2、6、7 项,共计 9 分。其中,所有外圆尺寸在公差范围内得分,超出公差全扣,采用外径千分尺检测。

(2) 长度尺寸

长度尺寸包括评分表中的第 4、5、9~11 项,共计 7.5 分。其中,所有长度尺寸在公差范围内得分,超出公差全扣,采用游标卡尺检测。

（3）成形面结构

成形面结构包括评分表中的 3、8、12、13、15 项，共计 6 分。其中，3mm×ϕ18.5mm 退刀槽的直径 ϕ18.5mm、3mm×ϕ16mm 沟槽的直径 ϕ16mm 采用游标卡尺检测，超出公差全扣；倒角 C1、C1.5 超出公差全扣；M24×1.5-6g 螺纹采用通止规检验，不合格扣 3 分。

（4）表面粗糙度、形位公差

$\phi24_{-0.05}^{-0.02}$mm、$\phi18_{-0.018}^{0}$mm 外圆柱面要求表面粗糙度值为 $Ra1.6\mu$m，每处降级各扣 1 分；其余表面粗糙度 $Ra3.2\mu$m 处，每处降级扣 1 分，最多扣 2 分，扣完为止；采用粗糙度标准块对比检测表面粗糙度；形位公差同轴度采用百分表和 V 形块进行检测，超差全扣。

考证加工区别于工厂加工，除了要根据图样加工，还要对照评分表。由于"1｜X"考证为等级考证，分为初、中、高等级，所以当部分项目不达标时，不能放弃考试，应该做好其他项目。切忌考试过程只顾追求工件形状类似而不符合评分表中的质量要求。

2. 制订工艺路线

请根据零件的加工要求，分别从表 13-4 中选择零件的工艺简图，从表 13-5 中选择零件的工步内容，按正确顺序填写在表 13-6 零件的加工工艺中，并从附录 A 和附录 B 中选择合适的刀具、量具，参考附录 C 垃圾分类操作指引，完善表 13-6 中其他的内容。

表 13-4　传动轴 1 的工艺简图

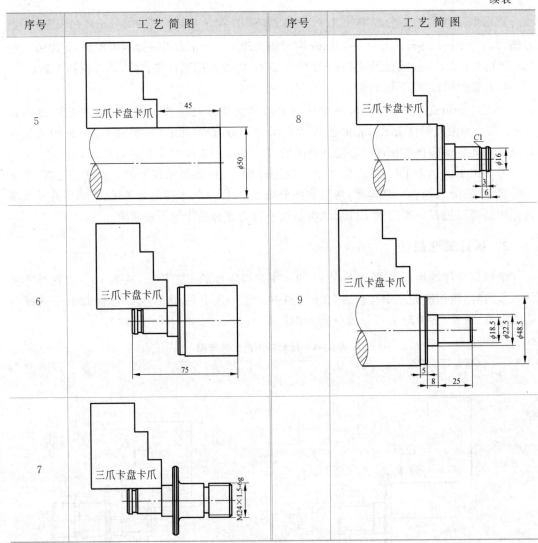

表 13-5　传动轴 1 的工步内容

序号	工步内容
1	车削 3mm×ϕ18.5mm 退刀槽至尺寸要求
2	粗车 C1.5 倒角、螺纹顶径、ϕ24mm 外圆柱面、R2 圆角、C0.5 倒角等外形轮廓,径向留粗车余量 0.5mm
3	车零件左端面
4	车削 M24×1.5-6g 外螺纹
5	精车 C1.5 倒角、螺纹顶径、ϕ24mm 外圆柱面、R2 圆角、C0.5 倒角等外形轮廓至尺寸要求
6	精车 C1 倒角、ϕ18mm 外圆柱面、ϕ22mm 外圆柱面、C0.5 倒角、ϕ48mm 外圆柱面等外形轮廓至尺寸要求
7	粗车 C1 倒角、ϕ18mm 外圆柱面、ϕ22mm 外圆柱面、C0.5 倒角、ϕ48mm 外圆柱面等外形轮廓,径向留粗车余量 0.5mm
8	车削 3mm×ϕ16mm 沟槽,C1 倒角至尺寸要求
9	车削零件右端面,保证总长(75±0.1)mm

表 13-6　传动轴 1 零件的加工工艺

工艺序号	工艺简图序号	工步内容序号	加 工 刀 具	使 用 量 具	将产生的生产垃圾	垃圾分类

3. 编写程序

1) 填写工艺卡片和刀具卡片

综合以上分析的各项内容,填写数控加工工艺卡片表 13-7 和刀具卡片表 13-8。

表 13-7　传动轴 1 的数控加工工艺卡片

单位名称					产品型号				
					产品名称	传动轴 1			
零件号	2020-1-104	材料型号	45#		毛坯规格	棒料		设备型号	
						ϕ50mm×80mm			
工序号	工序名称	工步号	工 步 内 容		切 削 参 数			刀 具 准 备	
					$n/(\text{r/min})$	a_p/mm	$v_f/(\text{mm/r})$	刀具类型	刀位号
1	检查毛坯		用钢直尺检查毛坯尺寸不小于 ϕ50mm×80mm						
2	车	1	车零件左端面		800	0.3	手轮控制	35°外圆粗车刀	T02
		2	粗车 C1、ϕ18mm、ϕ22mm、C0.5、ϕ48mm 等外形轮廓		800	1	0.2	35°外圆粗车刀	T02
		3	精车 C1、ϕ18mm、ϕ22mm、C0.5、ϕ48mm 等外形轮廓		1200	0.5	0.1	35°外圆精车刀	T01
		4	车削 3mm×ϕ16mm 沟槽、C1 倒角		500	3	0.05	3mm 切槽刀	
3	车	5	掉头装夹工件,车零件右端面并保证总长 75mm		800	0.3	手轮控制	35°外圆粗车刀	T02
		6	粗车 C1.5、螺纹顶径、ϕ24mm、R2、C0.5 等外形轮廓		800	1	0.2	35°外圆粗车刀	T02
		7	精车 C1.5、螺纹顶径、ϕ24mm、R2、C0.5 等外形轮廓		1200	0.5	0.1	35°外圆精车刀	T01
		8	车削 3mm×ϕ18.5mm 退刀槽		500	3	0.05	3mm 切槽刀	T04
		9	车削 M24×1.5-6g 外螺纹		100		1.5	60°螺纹刀	T03

表 13-8　数控加工刀具卡片

产品名称或代号				零件名称	传动轴 1	零件图号	2020-1-104
序号	刀具号	偏置号	刀具名称及规格	材质	数量	刀尖半径	假想刀尖
1	01	01	35°右偏外圆车刀	硬质合金	1	0.4	3
2	02	02	35°右偏外圆车刀	硬质合金	1	0.8	3
3	03	03	60°螺纹车刀	硬质合金	1		
4	04	04	3mm 切槽刀	硬质合金	1		

2）编写传动轴 1 的加工程序

以沈阳数控车床 CAK4085（FANUC Series Oi Mate-TC 系统）为例，编写加工程序，如表 13-9 所示。

表 13-9　传动轴 1 加工程序卡片

编程思路说明	顺序号	程序内容
零件左端加工程序号		O1501；
调用 2 号粗车外圆车刀及 2 号刀补，快速定位至安全点	N10	G00 X100 Z100 T0202；
主轴正转启动，转速 800r/min	N20	M03 S800；
快速接近循环起点	N30	G00 X51 Z3；
零件左端粗车复合循环指令 G71	N40	G71 U1 R0.5；
	N50	G71 P60 Q150 U0.5 W0.1 F0.2；
零件左端精加工程序段	N60	G00 X16；
	N70	G01 Z0 F0.1；
	N80	X18 Z-1；
	N90	Z-25；
	N100	X22；
	N110	W-8；
	N120	X47；
	N130	X48 W-0.5；
	N140	Z-37；
	N150	G00 X51；
退刀至安全区域，主轴停止	N160	G00 X100 Z100 M05；
程序暂停	N170	M00；
调用 1 号精车外圆车刀及 1 号刀补	N180	T0101；
精车转速	N190	M03 S1200；
快速接近循环点，刀尖半径右补偿	N200	G00 X51 Z3 G42；
精车循环	N210	G70 P60 Q150；
快速定位至安全点，取消刀尖半径补偿，主轴停止	N220	G40 G00 X100 Z100 M05；
程序暂停	N230	M00；
调用 4 号切槽刀及 4 号刀补	N240	T0404；
主轴正转，转速 500r/min	N250	M03 S500；
快速接近切槽定位点	N260	G00 X20 Z-6；
切 3mm×φ16mm 沟槽	N270	G01 X16 F0.05；
	N280	G00 X20；
定位至倒角起点	N290	W-1；
	N300	G01 X18 F0.05；
倒角 C1	N310	X16 W1；

续表

编程思路说明	顺序号	程序内容
快速退刀至安全点,停止主轴	N320	G00 X100;
	N330	Z100 M05;
程序结束	N340	M30;
	掉头装夹加工工件左端	
零件右端加工程序号		O1502;
调用 2 号粗车外圆车刀及 2 号刀补,快速定位至安全点	N10	G00 X100 Z100 T0202;
主轴正转启动,转速 800r/min	N20	M03 S800;
快速接近循环点	N30	G00 X51 Z3;
零件右端粗车复合循环指令 G71	N40	G71 U1 R0.5;
	N50	G71 P60 Q140 U0.5 W0.2 F0.2;
零件右端精加工程序段	N60	G00 X20.85;
	N70	G01 Z0 F0.1;
	N80	X23.85 Z-1.5;
	N90	Z-19;
	N100	X23.965;
	N110	Z-37;
	N120	G02 X27.965 W-2 R2;
	N130	G01 X47;
	N140	X49 W-1;
退刀至安全区域,主轴停止	N150	G00 X100 Z100 M05;
程序暂停	N160	M00;
调用 1 号精车外圆车刀及 1 号刀补	N170	T0101;
精车转速	N180	M03 S1200;
快速接近循环点,刀尖半径右补偿	N190	G00 X51 Z3 G42;
精车循环	N200	G70 P60 Q140;
快速定位至安全点,取消刀尖半径补偿,主轴停止	N210	G40 G00 X100 Z100 M05;
程序暂停	N220	M00;
调用 4 号切槽刀及 4 号刀补	N230	T0404;
主轴正转,转速 500r/min	N240	M03 S500;
快速接近切槽定位点	N250	G00 X26 Z-19;
切槽	N260	G01 X18.56 F0.05;
快速退刀至安全点	N270	G00 X100;
	N280	Z100;
主轴停止	N290	M05;
程序暂停	N300	M00;
调用 3 号外螺纹车刀及 3 号刀补	N310	T0303;
主轴正转,转速 500r/min	N320	M03 S100;
快速接近车螺纹定位点	N330	G00 X25 Z3;
螺纹切削复合循环	N340	G76 P020060 Q100 R50;
	N350	G76 X22.05 Z-17 P975 Q500 F1.5;
快速退刀至安全点,主轴停止	N360	G00 X100 Z100 M05;
程序结束	N370	M30;

4. 加工传动轴 1

传动轴 1 的加工过程如表 13-10 所示。

表 13-10　传动轴 1 的加工过程

序号	加工步骤	工艺简图	使用刀具	使用量具	加工方式	操作要点	本环节产生的生产垃圾	垃圾分类处理
1	用钢直尺检查毛坯尺寸不小于 φ50mm×95mm	φ50　80	—	钢直尺	—	—	手套	其他垃圾
2	车零件左端面	φ50　45　三爪卡盘卡爪	—	—	手动	夹持毛坯外圆,伸出长度 45mm,车削端面至平整		
3	粗车 C1、φ18mm、φ22mm、C0.5、φ48mm 等外形轮廓	φ48.5　φ22.5　φ18.5　25　8　5　三爪卡盘卡爪		游标卡尺	自动	利用游标卡尺检测各外圆是否有 0.5mm 余量	铝屑	可回收物

续表

序号	加工步骤	工艺简图	使用刀具	使用量具	加工方式	操作要点	本环节产生的生产垃圾	垃圾分类处理
4	精车 C1、φ18mm、φ22mm、C0.5、φ48mm 等外形轮廓				自动	利用外径千分尺检测 φ18mm、φ22mm，φ48mm 外圆柱，如尺寸偏大，则应在刀具补偿处把多余的直径余量减去后，再次精车，直至符合尺寸要求		可回收物
5	车削 3mm×φ16mm 沟槽、C1 倒角					利用游标卡尺检测槽底直径 φ16mm 是否符合要求		
6	掉头装夹工件，车零件右端面并保证总长 75mm				手动	使用软爪夹持 φ22mm 外圆，夹持长度 25mm，使用百分表辅助找正；手轮方式车削零件端面，保证工件总长(75±0.1)mm		

续表

序号	加工步骤	工艺简图	使用刀具	使用量具	加工方式	操作要点	本环节产生的生产垃圾	垃圾分类处理
7	粗车 C1.5、螺纹顶径、φ24mm、R2、C0.5 等外形轮廓					利用游标卡尺检测各外圆是否有 0.5mm 余量		
8	精车 C1.5、螺纹顶径、φ24mm、R2、C0.5 等外形轮廓				自动	利用外径千分尺检测 φ24mm 外圆柱面，如尺寸偏大，则应在刀具补偿处把多余的直径余量减去后，再次精车，直至符合尺寸要求；利用游标卡尺检测长度尺寸 39mm 符合要求	铝屑	可回收物
9	车削 3mm×φ18.5mm 退刀槽					利用游标卡尺检测槽宽 3mm，槽底直径 φ18.5mm 是否符合要求		

续表

序号	加工步骤	工艺简图	使用刀具	使用量具	加工方式	操作要点	本环节产生的生产垃圾	垃圾分类处理
10	车削 M24×1.5-6g 外螺纹	三爪卡盘卡爪 M24×1.5-6g			自动	螺纹车削时,利用螺纹环规示检测螺纹是否加工到位	铝屑	可回收物
11	设备保养	—	—	—	—	整理工作台物品,清洁数控车床并上油保养,清扫实训场地		有害垃圾

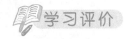 学习评价

1. 学习过程评价

请你根据本次任务学习过程中的实际情况,在表 13-11 中对自己及学习小组进行评价。

表 13-11　学习过程评价表

学习小组:＿＿＿＿＿　　　姓名:＿＿＿＿＿　　　评价日期:＿＿＿＿＿

评价人	评价内容	评价等级			情况说明
自我评价	能否按 5S 要求规范着装	能 □	不确定 □	不能 □	
	能否针对学习内容主动与其他同学进行沟通	能 □	不确定 □	不能 □	
	是否能叙述传动轴 1 零件的加工工艺过程	能 □	不确定 □	不能 □	
	能否正确编写传动轴 1 零件的加工程序	能 □	不确定 □	不能 □	
	能否规范使用工具、量具、刀具加工零件	能 □	不确定 □	不能 □	
	你自己加工的传动轴 1 零件的完成情况如何	按图纸要求完成 □ 基本完成 □　没有完成 □			
	能否独立且正确检测零件尺寸	能 □	不确定 □	不能 □	
小组评价	小组所使用的工具、量具、刀具能否按 5S 要求摆放	能 □	不确定 □	不能 □	
	小组组员之间团结协作、沟通情况如何	好 □	一般 □	差 □	
	小组所有成员是否都完成传动轴 1 的加工	能 □	不能 □		
教师评价	学生个人在小组中的学习情况	积极 □　懒散 □ 技术强 □　技术一般 □			
	学习小组在学习活动中的表现情况	好 □	一般 □	差 □	

2. 专业技能评价

请参照零件图 13-1,使用游标卡尺、千分尺等量具,对传动轴 1 零件进行检测,把检测结果填写在表 13-1 中。

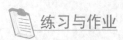 练习与作业

1. 课堂练习

1)填空题

(1)传动轴 1 零件选用的毛坯尺寸为＿＿＿＿＿,材料为＿＿＿＿＿＿。

(2)分析传动轴 1 图样,螺纹端的倒角为＿＿＿＿＿。

(3)编写加工程序时,M24×1.5 螺纹的顶径应该是＿＿＿＿＿。

(4)分析传动轴 1 图样,同轴度的基准为＿＿＿＿＿＿,同轴度精度值为＿＿＿＿＿。

(5)分析传动轴 1 图样,退刀槽槽底直径为＿＿＿＿＿。

2) 判断题

(1) 正等轴测图的轴间角 $XOY=120°, YOZ=120°$。 （　　）

(2) 开机时先开机床电源再开数控系统电源，关机时操作相反。 （　　）

(3) 未经机械加工的定位基准称为精基准。 （　　）

(4) 为了避免出现危险，不要在通电的情况下更换机床的主板电池。 （　　）

(5) 在一个尺寸链中，必定有一个，也只能有一个自然形成或需要解算的尺寸是随着其他尺寸的变化而变化的。 （　　）

(6) 劳动生产率就是劳动者生产的合格产品数量同生产这些产品消耗的劳动时间的比率。 （　　）

(7) 对中碳钢进行调质处理后，可获得良好的综合力学性能，其中 45 号钢应用最为广泛。 （　　）

(8) 如果背吃刀量和进给量选得比较大，选择的切削速度要适当地降低些。 （　　）

(9) 高速钢刀具用于承受冲击力较大的场合，常用于高速切削。 （　　）

(10) 硬质合金是一种耐磨性好、耐热性高、抗弯强度和冲击韧性都较高的一种刀具材料。 （　　）

3) 选择题

(1) 关于 M24×1.5-6g 螺纹的标注，以下说法错误的是（　　）。

　　A. 公称直径是 24　　　　　　　　　B. 螺距为 1.5mm

　　C. 米制螺纹　　　　　　　　　　　D. 顶径公差代号 6g

(2) 以下尺寸加工精度要求最高的是（　　）。

　　A. $(75±0.1)$mm　　　　　　　　　B. $(39±0.1)$mm

　　C. $\phi22$mm　　　　　　　　　　　D. $\phi18_{-0.039}^{0}$mm

(3) 传动轴 1 图样中，C1.5 代表（　　）。

　　A. $R1.5$mm 圆角　　　　　　　　　B. 1.5×45°倒角

　　C. 1.5 个倒角　　　　　　　　　　D. 1.5×60°倒角

(4) 下列量具中，未在本学习任务中使用的是（　　）。

　　A. 游标卡尺　　　　　　　　　　　B. 外径千分尺

　　C. 内径千分尺　　　　　　　　　　D. 钢直尺

(5) 能够测量螺纹的量具是（　　）。

　　A. 游标卡尺　　　　B. 万能角度尺　　　　C. 螺纹塞规　　　　D. 内径千分尺

(6) 下列数控车床程序段中，使用混合编程方式的是（　　）。

　　A. X＿ Z＿　　　　B. U＿ W＿　　　　C. X＿ W＿　　　　D. X＿ Y＿

(7) 在车床上加工传动轴 1 时，使用的夹具是（　　）。

　　A. 三爪卡盘　　　　B. 四爪卡盘　　　　C. 花盘　　　　　D. 中心架

(8) 加工传动轴 1 时，未使用的刀具为（　　）。

　　A. 35°外圆车刀　　　B. 切槽刀　　　　C. 切断刀　　　　D. 外螺纹刀

(9) (多选题)传动轴 1 的加工，包含（　　）等加工要素。

　　A. 外圆柱面　　　　B. 锥度　　　　　C. 圆角　　　　　D. 槽

　　E. 外螺纹　　　　　F. 倒角

(10) 下列表面粗糙度精度最高的是(　　　)。

A. $Ra0.8$　　　　B. $Ra1.6$　　　　C. $Ra3.2$　　　　D. $Ra6.3$

4) 思考题

(1) 结合加工过程,分析如何快速有效地保证传动轴1的总长75mm?

(2) 解释以下螺纹复合循环指令的含义。

```
G76 P020060 Q100 R50;
G76 X22.05 Z-17 P975 Q500 F1.5;
```

2. 课后作业

请你结合本次任务的学习情况,在课后撰写学习报告,并上传至线上学习平台。学习报告内容要求如下。

(1) 绘制一张本次任务所学知识和技能的思维导图。

(2) 总结自己或者小组在学习过程中出现的问题以及解决方法。

(3) 撰写学习心得与反思。

生产任务工单

任务名称		使用设备		加 工 要 求	
零件图号		加工数量			
下单时间		接单小组			
要求完成时间		责任人			
实际完成时间		生产人员			
产品质量检测记录					
检 测 项 目		自 检 结 果		质检员检测结果	
1	零件完整性				
2	零件关键尺寸不合格数目				
3	零件表面质量				
4	是否符合装配要求				
零件质量最终检测结果及处理意见					
验收人		存放地点		验收日期	

传动轴 2 的加工

传动轴 2 实物图

学习内容

传动轴2的加工

1. 分析零件图样

2. 分析评分要素

3. 制订工艺路线

4. 编写加工程序

5. 加工传动轴2零件

6. 学习评价

7. 练习与作业

8. 填写任务工单

学习目标

◇ **知识目标**

(1) 识读传动轴 2 的零件图样,清楚其加工要素。

(2) 明确传动轴 2 的考核内容及要求。

◇ **技能目标**

(1) 能正确制订传动轴 2 的加工工艺。

(2) 能正确编写传动轴 2 的加工程序。

(3) 能加工出合格的传动轴 2 零件。

(4) 能正确选择量具对传动轴 2 零件进行质量检测。

(5) 能按评分表要求正确评分。

◇ **素质目标**

（1）能够制订自我工作计划。

（2）能够规范着装，考核过程做好安全防护。

（3）能够按5S要求做好工位的整理与清洁工作。

◇ **核心素养目标**

（1）践行精益求精的工匠精神，严格按照传动轴2的考核要求检测零件质量。

（2）强化安全文明生产意识，规范操作设备。

（3）强化纪律意识，自觉遵守考场纪律。

（4）强化环保意识，自觉做到节约学习资源、各类生产垃圾有效分类。

 课前思政小故事

（扫描可观看）

 任务描述

传动轴2为"1+X"数控车铣加工职业技能等级证书（初级）实操考核真题，考查学生图样分析、外圆柱面加工、切槽、螺纹加工的能力和安全文明生产素养。零件图与评分表分别如图14-1、表14-1所示。

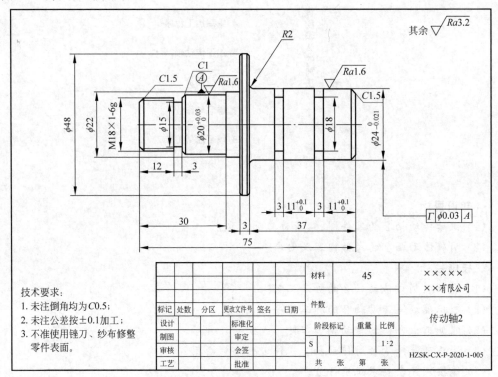

图 14-1 传动轴 2 零件图

表 14-1 传动轴 2 评分表

工件名称	传动轴 2								
检测评分记录（由检测师填写）									
序号	配分	尺寸类型	公称尺寸	上偏差	下偏差	上极限尺寸	下极限尺寸	实际尺寸	得分	评分标准
A-主要尺寸 共 27 分										
1	1.5	ϕ	48	0.1	−0.1	48.1	47.9			超差全扣
2	3	ϕ	24	0	−0.021	24	23.979			超差全扣
3	1.5	ϕ	18	0.1	−0.1	18.1	17.9			超差全扣
4	1.5	L	37	0.1	−0.1	37.1	36.9			
5	1.5	L	11	0.1	0	11.1	11			2 处
6	1.5	ϕ	22	0.1	−0.1	22.1	21.9			超差全扣
7	3	ϕ	20	0.03	0	20.03	20			超差全扣
8	1.5	ϕ	15	0.1	−0.1	15.1	14.9			超差全扣
9	1.5	L	75	0.1	−0.1	75.1	74.9			超差全扣
10	1.5	L	12	0.1	−0.1	12.1	11.9			
11	1.5	L	3	0.1	−0.1	3.1	2.9			退刀槽
12	2	C	1.5	0.1	−0.1	1.6	1.4			2 处
13	1	C	1	0.1	−0.1	1.1	0.9			超差全扣
14	1.5	R	2	0.1	−0.1	2.1	1.9			超差全扣
15	3	螺纹	M18×1-6g							合格/不合格
B-形位公差 共 3 分										
16	3	同轴度	0.03		0.00	0.02	0.00			超差全扣
C-表面粗糙度 共 4 分										
17	2	表面质量	$Ra1.6$							超差全扣
18	2	表面质量	$Ra3.2$							超差全扣
总配分数		34			合计得分					

 任务分析

1. 制订工作计划

利用数控车技能完成传动轴 2 的制作，分别需要完成选择毛坯材料，选取工具、量具、刀具，制订加工工艺，编写加工程序，加工零件，质量检测，5S 现场作业，填写生产任务工单八项内容，请完善表 14-2 中的相关内容。

表 14-2 传动轴 2 工作计划

姓名		工位号	
序号	任 务 内 容	计划用时	完成时间
1	选择毛坯材料		
2	选取工具、量具、刀具		
3	制订加工工艺		
4	编写加工程序		

续表

序号	任 务 内 容	计划用时	完成时间
5	加工零件		
6	质量检测		
7	5S 现场作业		
8	填写生产任务工单		

2. 选取加工设备及物料

请根据传动轴 2 的零件图及工作计划,选取加工传动轴 2 零件所需要的毛坯、数控设备、刀具、量具等,填写在表 14-3 中。

表 14-3　加工传动轴 2 的设备及物料

序号	名 　 称	规格型号	数 　 量	备 　 注

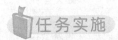
任务实施

1. 分析试题

1) 分析零件图样

由图 14-1 可知,传动轴 2 由 4 个外圆柱面、1 个螺纹、3 个槽、1 个圆弧及 5 处倒角等加工要素构成。毛坯材料为 45 号钢,毛坯尺寸为 $\phi50\text{mm}\times80\text{mm}$,$\phi24\text{mm}$ 外圆柱面尺寸的极限偏差为 -0.021mm,$\phi20\text{mm}$ 外圆柱面尺寸的极限偏差为 $+0.03\text{mm}$,2 处长度为 11mm 的尺寸的极限偏差为 $+0.1\text{mm}$,其余未注公差按 $\pm0.1\text{mm}$。$\phi24\text{mm}$ 外圆柱相对于基准 A 的同轴度公差为 0.03mm。$\phi24\text{mm}$、$\phi20\text{mm}$ 等外圆柱的表面粗糙度值均为 $Ra1.6\mu\text{m}$,其余各加工表面的表面粗糙度值均为 $Ra3.2\mu\text{m}$。

2) 分析评分表

由表 14-1 可知,传动轴 2 的评分表主要分为 3 个部分。

(1) 主要尺寸,共 27 分

① 外圆尺寸。外圆尺寸包括评分表 1～3 项、6～8 项,共计 12 分。采用外径千分尺检测,超差全扣。

② 长度尺寸。长度尺寸包括评分表 4～5 项、9～11 项,共计 7.5 分。采用游标卡尺检测,超差全扣。

③ 其他。包括评分表 12～15 项，共计 7.5 分。其中，M18×1-6g 螺纹采用通止规检验，不合格扣 3 分；倒角 C1.5(2 处)和 C1，超差全扣，一处扣 1 分；圆弧面 R2，使用 R 规检测，超差全扣。

（2）形位公差，共 3 分

φ24mm 外圆柱相对于基准 A 的同轴度公差为 0.03mm，采用百分表结合 V 形块检测，超差全扣。

（3）表面粗糙度，共 4 分

φ24mm、φ20mm 等外圆柱的表面粗糙度值均为 Ra1.6μm，其余各加工表面的表面粗糙度值均为 Ra3.2μm。采用粗糙度标准块对比检测表面粗糙度，超差全扣。

2. 制订工艺路线

请根据零件的加工要求，分别从表 14-4 中选择零件的工艺简图，从表 14-5 中选择零件的工步内容，按正确顺序填写在表 14-6 中，并从附录 A 和附录 B 中选择合适的刀具、量具，参考附录 C，完善表 14-6 中其他的内容。

表 14-4　传动轴 2 的工艺简图

序号	工艺简图	序号	工艺简图
1	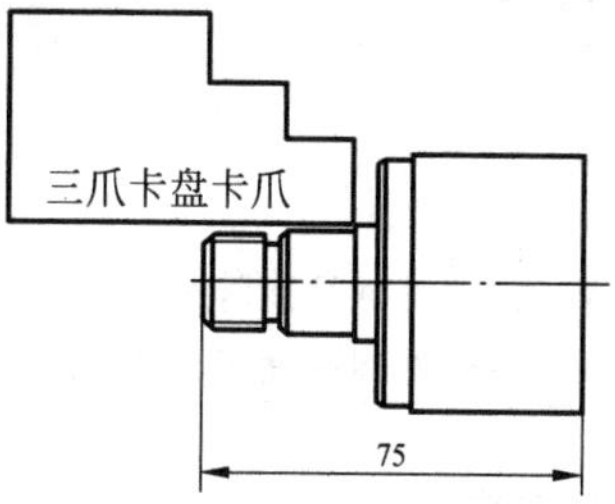	4	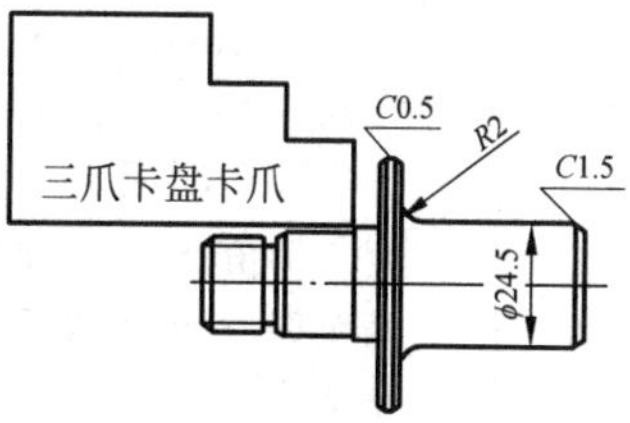
2	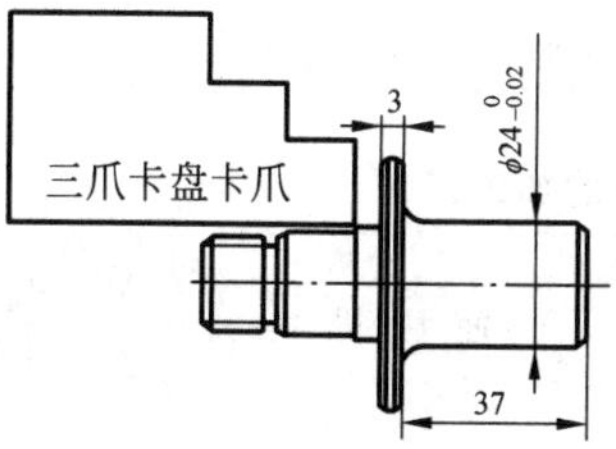	5	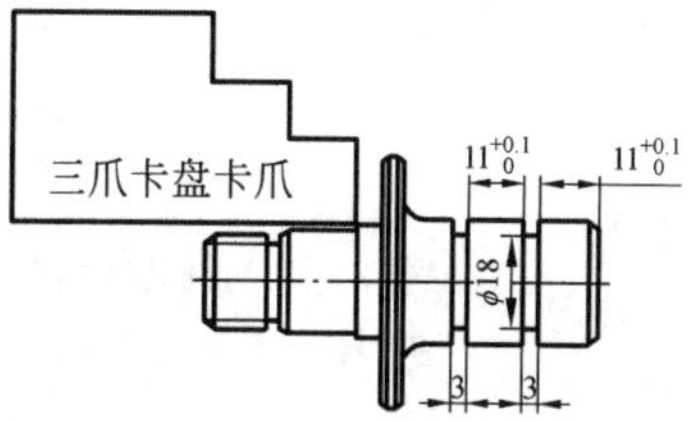
3	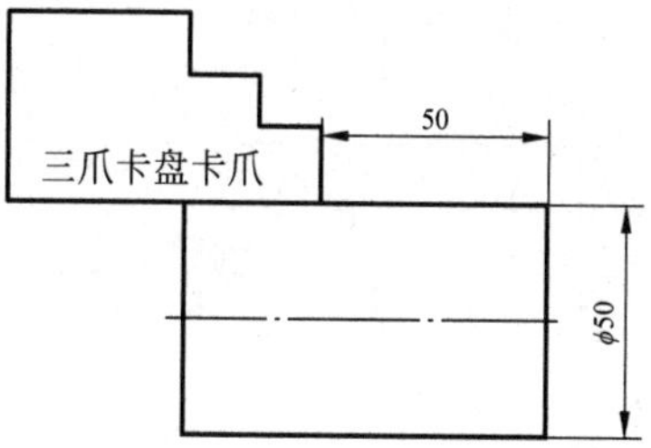	6	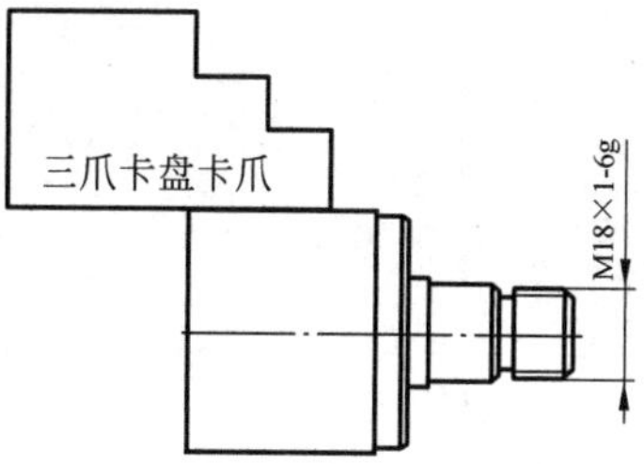

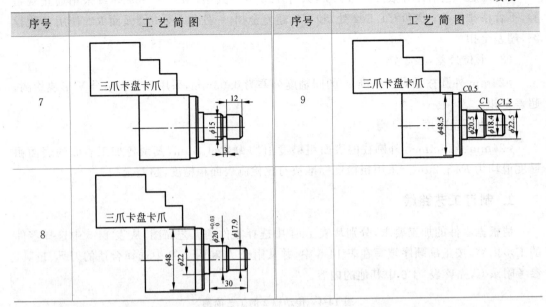

序号	工 艺 简 图	序号	工 艺 简 图

表 14-5   传动轴 2 的工步内容

序号	工 步 内 容
1	车削 ϕ18mm×3mm 外槽（2 处）
2	车削 M18×1-6g 外螺纹
3	调头装夹，车零件另一端面，保证总长 75mm
4	粗车倒角、外螺纹顶径及 ϕ20mm、ϕ22mm、ϕ48mm 外圆柱面等外形轮廓
5	精车倒角、外螺纹顶径及 ϕ20mm、ϕ22mm、ϕ48mm 外圆柱面等外形轮廓至尺寸要求
6	车削 ϕ15mm×3mm 退刀槽
7	装夹零件毛坯表面，伸出约 50mm 长，车零件左端面
8	粗车倒角、ϕ24mm 外圆柱面、R2 圆弧面等外形轮廓
9	精车倒角、ϕ24mm 外圆柱面、R2 圆弧面等外形轮廓至尺寸要求

表 14-6   _____零件的加工工艺

工艺序号	工艺简图序号	工步内容序号	加工刀具	使用量具	将产生的生产垃圾	垃圾分类

3. 编写程序

1）填写工艺卡片和刀具卡片

综合以上分析的各项内容，填写数控加工工艺卡片表 14-7 和刀具卡片表 14-8。

表 14-7　传动轴 2 的数控加工工艺卡片

单位名称				产品型号			2020-1-005	
				产品名称			传动轴 2	
零件号	材料型号		45	毛坯规格	棒料		设备型号	
					$\phi50\text{mm}\times80\text{mm}$			

工序号	工序名称	工步号	工步内容	切削参数			刀具准备	
				$n/(\text{r/min})$	a_p/mm	$v_f/(\text{mm/r})$	刀具类型	刀位号
1	检查毛坯		用钢直尺检查毛坯尺寸不小于 $\phi50\text{mm}\times80\text{mm}$					
2	车	1	装夹零件毛坯表面，伸出约 50mm 长，车零件左端面	800	0.3	手轮控制	粗车外圆车刀	T02
		2	粗车倒角、外螺纹顶径及 $\phi20\text{mm}$、$\phi22\text{mm}$、$\phi48\text{mm}$ 外圆柱面等外形轮廓	800	0.3	0.2	粗车外圆车刀	T02
		3	精车倒角、外螺纹顶径及 $\phi20\text{mm}$、$\phi22\text{mm}$、$\phi48\text{mm}$ 外圆柱面等外形轮廓至尺寸要求	800	1	0.1	精车外圆车刀	T01
		4	车削 $\phi15\text{mm}\times3\text{mm}$ 退刀槽	500	4	0.05	3mm 切槽刀	T04
		5	车削 M18×1 外螺纹	100		1	60°螺纹刀	T03
		6	调头装夹，车零件另一端面，保证总长 75mm	800	0.3	手轮控制	粗车外圆车刀	T02
		7	粗车倒角、$\phi24\text{mm}$ 外圆柱面、R2 圆弧面等外形轮廓	800	1	0.2	粗车外圆车刀	T02
		8	精车倒角、$\phi24\text{mm}$ 外圆柱面、R2 圆弧面等外形轮廓至尺寸要求	1200	0.5	0.1	精车外圆车刀	T01
		9	车削 $\phi18\text{mm}\times3\text{mm}$ 外槽（2 处）	500	3	0.05	3mm 切槽刀	T04

表 14-8　数控加工刀具卡片

产品名称或代号				零件名称	传动轴 2	零件图号		
序号	刀具号	偏置号	刀具名称及规格	材　质	数量	刀尖半径	假想刀尖
1	01	01	精车外圆车刀	硬质合金	1	0.4	3
2	02	02	粗车外圆车刀	硬质合金	1	0.8	3
3	03	03	60°螺纹车刀	硬质合金	1		
4	04	04	3mm 切断车刀	硬质合金	1		

2) 编写传动轴 2 的加工程序

以沈阳数控车床 CAK4085(FANUC Series Oi Mate-TC 系统)为例,编写加工程序,如表 14-9 所示。

表 14-9　传动轴 2 加工程序卡片

编程思路说明	顺序号	程序内容
程序号		O1601;
调用 2 号粗车外圆车刀及 2 号刀补,快速定位至安全点	N10	G99 G00 X100 Z100 T0202;
主轴正转启动	N20	M03 S800;
快速接近循环点	N30	G00 X51 Z3;
粗车复合循环指令 G71	N40	G71 U1 R0.5;
	N50	G71 P60 Q180 U0.5 W0.1 F0.2;
精加工程序段	N60	G00 X14.9;
	N70	G01 Z0 F0.1;
	N80	X17.9 Z-1.5;
	N90	Z-15;
	N100	X18;
	N110	X20 Z-16;
	N120	Z-30;
	N130	X22;
	N140	Z-35;
	N150	X47;
	N160	X48 Z-35.5;
	N170	Z-45;
	N180	G00 X49;
退刀至安全区域,主轴停止	N190	G00 X100 Z100 M05;
程序暂停	N200	M00;
调用 1 号精车外圆车刀及 1 号刀补	N210	T0101;
精车转速	N220	M03 S1200;
快速接近循环点	N230	G00 X51 Z3;
精车循环	N240	G70 P60 Q180;
快速定位至安全点主轴停止	N250	G00 X100 Z100 M05;
程序暂停	N260	M00;
调用 4 号切槽刀及 4 号刀补	N270	T0404;
主轴正转,转速 500r/min	N280	M03 S500;
快速接近切槽定位点	N290	G00 X22 Z-15;
车削 φ15mm×3mm 退刀槽	N300	G01 X15 F0.05;
快速退刀至安全点	N310	G00 X100;
	N320	Z100;
主轴停止	N330	M05;
程序暂停	N340	M00;
调用 3 号外螺纹车刀及 3 号刀补	N350	T0303;
主轴正转,转速 500r/min	N360	M03 S100;
快速接近车螺纹定位点	N370	G00 X20 Z3;

续表

编程思路说明	顺序号	程 序 内 容
加工 M18×1 螺纹	N380	G92 X17.3 Z-13 F1;
	N390	X17;
	N400	X16.8;
	N410	X16.7;
退刀至安全区域,主轴停止	N420	G00 X100 Z100 M05;
程序结束	N430	M30;
掉头加工程序号		O1602;
调用 2 号粗车外圆车刀及 2 号刀补,快速定位至安全点	N10	G00 X100 Z100 T0202;
主轴正转启动	N20	M03 S800;
快速接近循环点	N30	G00 X51 Z3;
粗车复合循环指令 G71	N40	G71 U1 R0.5;
	N50	G71 P60 Q130 U0.5 W0.1 F0.2;
精加工程序段	N60	G00 X21;
	N70	G01 Z0 F0.1;
	N80	X24 Z-1.5;
	N90	Z-35;
	N100	G02 X26 W-2 R2;
	N110	G01 X47;
	N120	X49 Z-38;
	N130	G00 X50;
退刀至安全区域,主轴停止	N140	G00 X100 Z100 M05;
程序暂停	N150	M00;
调用 1 号精车外圆车刀及 1 号刀补	N160	T0101;
精车转速	N170	M03 S1200;
快速接近循环点	N180	G00 X52 Z3;
精车循环	N190	G70 P60 Q130;
快速定位至安全点,主轴停止	N200	G00 X100 Z100 M05;
程序暂停	N210	M00;
调用 4 号切槽刀及 4 号刀补	N220	T0404;
主轴正转,转速 500r/min	N230	M03 S500;
快速接近切槽定位点	N240	G00 X26 Z-14;
切第一条槽	N250	G01 X18 F0.05;
	N260	X26;
切第二条槽	N270	G00 Z-28;
	N280	G01 X18;
快速退刀至安全点	N290	G00 X100;
	N300	Z100;
主轴停止	N310	M05;
程序结束	N320	M30;

4. 加工传动轴 2

传动轴 2 的加工过程如表 14-10 所示。

表 14-10 传动轴 2 的加工过程

序号	加工步骤	工艺简图	使用刀具	使用量具	加工方式	操作要点	本环节产生的生产垃圾	垃圾分类处理
1	用钢直尺检查毛坯尺寸不小于 φ50mm×80mm		—		—	—		其他垃圾
2	车零件左端面				手动	装夹零件毛坯表面,伸出约 50mm 长		
3	粗车倒角、外螺纹顶径及 φ20mm、φ22mm、φ48mm 外圆柱面等外形轮廓				自动	利用游标卡尺检测各外圆是否有 0.5mm 余量	铁屑	可回收物

续表

序号	加工步骤	工艺简图	使用刀具	使用量具	加工方式	操作要点	本环节产生的生产垃圾	垃圾分类处理
4	精车倒角、外螺纹顶径及 φ20mm，φ22mm，φ48mm 外圆柱面等外形轮廓至尺寸要求	φ17.9　30　φ20 $^{+0.03}_{0}$　φ22　φ48　三爪卡盘卡爪				利用外径千分尺检测 φ20mm，φ22mm，φ48mm 外圆，如尺寸偏大，则应在刀具补偿处，减去多余的直径余量后，再次精车，直至符合尺寸要求	铁屑	可回收物
5	车削 φ15mm × 3mm 退刀槽	12　3　φ15　三爪卡盘卡爪			自动	利用游标卡尺检测槽宽 3mm，槽底直径 φ15mm 是否符合要求		
6	车削 M18 × 1 外螺纹	M18×1-6g　三爪卡盘卡爪				螺纹车削时，利用螺纹环规检测螺纹是否加工到位		

续表

序号	加工步骤	工艺简图	使用刀具	使用量具	加工方式	操作要点	本环节产生的生产垃圾	垃圾分类处理
7	调头装夹、车零件另一端面	75　三爪卡盘卡爪			手动	保证总长 75mm	铁屑	可回收物
8	粗车倒角、φ24mm 外圆柱面、R2 圆弧面等外形轮廓	C1.5　φ24.5　R2　C0.5　三爪卡盘卡爪			自动	利用游标卡尺检测各外圆是否有 0.5mm 余量		
9	精车倒角、φ24mm 外圆柱面、R2 圆弧面等外形轮廓至尺寸要求	$\phi24_{-0.02}^{0}$　37　3　三爪卡盘卡爪				利用外径千分尺检测 φ24mm 外圆,减去多余的直径余量后,再精车,直至直径符合尺寸要求		

续表

序号	加工步骤	工艺简图	使用刀具	使用量具	加工方式	操作要点	本环节产生的生产垃圾	垃圾分类处理
10	车削 $\phi18\text{mm} \times 3\text{mm}$ 外槽（2 处）	三爪卡盘卡爪			自动	利用游标卡尺检测槽宽 3mm，槽底直径 $\phi18\text{mm}$ 是否符合要求	铁屑	可回收物
11	设备保养	—	—	—	—	整理工作台物品，清洁数控车床并上油保养，清扫实训场地		有害垃圾

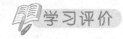学习评价

1. 学习过程评价

请你根据本次任务学习过程中的实际情况,在表 14-11 中对自己及学习小组进行评价。

表 14-11　学习过程评价表

学习小组:＿＿＿＿＿　　　姓名:＿＿＿＿＿　　　评价日期:＿＿＿＿＿

评价人	评 价 内 容	评 价 等 级	情况说明
自我评价	能否按 5S 要求规范着装	能 □　不确定 □　不能 □	
	能否针对学习内容主动与其他同学进行沟通	能 □　不确定 □　不能 □	
	是否能叙述传动轴 2 零件的加工工艺过程	能 □　不确定 □　不能 □	
	能否正确编写传动轴 2 零件的加工程序	能 □　不确定 □　不能 □	
	能否规范使用工具、量具、刀具加工零件	能 □　不确定 □　不能 □	
	你自己加工的传动轴 2 零件的完成情况如何	按图纸要求完成 □ 基本完成 □　没有完成 □	
	能否独立且正确检测零件尺寸	能 □　不确定 □　不能 □	
小组评价	小组所使用的工具、量具、刀具能否按 5S 要求摆放	能 □　不确定 □　不能 □	
	小组组员之间团结协作、沟通情况如何	好 □　一般 □　差 □	
	小组所有成员是否都完成传动轴 2 的加工	能 □　不能 □	
教师评价	学生个人在小组中的学习情况	积极 □　　懒散 □ 技术强 □　技术一般 □	
	学习小组在学习活动中的表现情况	好 □　一般 □　差 □	

2. 专业技能评价

请参照零件图 14-1,使用游标卡尺、千分尺等量具,分别对自己与组员加工的零件进行检测,把检测结果填写在表 14-1 中。

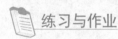练习与作业

1. 课堂练习

1)填空题

(1)传动轴 2 零件选用的毛坯尺寸为＿＿＿＿＿,材料为＿＿＿＿＿＿。

(2)分析图样,未注倒角为＿＿＿＿＿。

(3)分析评分表,C1 有＿＿＿＿＿处。

(4)结合已学知识,螺纹加工指令有 G32、＿＿＿＿＿、＿＿＿＿＿等。

(5)分析图样,未注公差为＿＿＿＿＿。

2)判断题

(1)利用数控车技能完成传动轴 2 的制作,分别需要完成选择毛坯材料,选取工具、量

具、刀具,制订加工工艺,编写加工程序,加工零件,质量检测,5S 现场作业,填写生产任务工单八项内容。　　　　　　　　　　　　　　　　　　　　　　　　　　　（　　）

（2）图纸比例为 1∶2。　　　　　　　　　　　　　　　　　　　　　　　（　　）

（3）传动轴 2 包含 2 处表面粗糙度值为 $Ra1.6\mu m$,其余各加工表面粗糙度值为 $Ra6.3\mu m$。　　　　　　　　　　　　　　　　　　　　　　　　　　　　　　（　　）

（4）不可以使用锉刀、砂布修饰零件表面。　　　　　　　　　　　　　　（　　）

（5）$\phi24mm$ 外圆柱面尺寸的极限偏差为 $0.021mm$。　　　　　　　　　（　　）

（6）传动轴 2 图样中形位公差基准为 $\phi24mm$ 外圆柱面。　　　　　　　（　　）

（7）$\phi24mm$ 外圆柱相对于基准 A 的同轴度公差为 $0.03mm$。　　　　（　　）

（8）为提高加工速度,粗加工时加工余量越大越好。　　　　　　　　　　（　　）

（9）操作千分尺检测尺寸,当接近被测尺寸时,要拧紧微分筒。　　　　　（　　）

（10）设备保养时使用的机油是有害垃圾,能随意丢弃。　　　　　　　　（　　）

3）选择题

（1）M18×1-6g 外螺纹的加工,以下说法错误的是（　　　）。

　　A. 优先选用手动攻螺纹　　　　　　　B. 螺距为 1mm

　　C. 公差等级为 6g　　　　　　　　　　D. 细牙螺纹

（2）以下尺寸加工精度要求最高的是（　　　）。

　　A. $11^{+0.1}_{0}mm$　　　　　　　　　　B. $\phi24^{0}_{-0.021}mm$

　　C. $\phi20^{+0.03}_{0}mm$　　　　　　　　　D. 37mm

（3）在传动轴 2 图样中,$C1.5$ 代表（　　　）。

　　A. $R1.5mm$ 圆角　　　　　　　　　　B. $1.5×45°$倒角

　　C. 1.5 个倒角　　　　　　　　　　　　D. $1.5×60°$倒角

（4）下列量具中,未在本学习任务中使用的是（　　　）。

　　A. 游标卡尺　　　　B. 外径千分尺　　　C. 游标高度卡尺　　　D. 钢直尺

（5）（多选题）传动轴 2 的加工,包含（　　　）等加工要素。

　　A. 外圆柱面　　　　B. 锥度　　　　　　C. 圆弧　　　　　　　D. 槽加工

　　E. 外螺纹　　　　　E. 倒角

4）思考题

（1）结合传动轴 2 的加工过程,为什么先加工左端?

（2）解释以下粗车复合循环指令的含义。

```
N40 G71 U1 R0.3;
N50 G71 P60 Q120 U0.5 W0.1 F0.15;
```

2. 课后作业

请你结合本次任务的学习情况,在课后撰写学习报告,并上传至线上学习平台。学习报告内容要求如下。

(1) 绘制一张本次任务所学知识和技能的思维导图。

(2) 总结自己或者小组在学习过程中出现的问题以及解决方法。

(3) 撰写学习心得与反思。

生产任务工单

任务名称		使用设备		加 工 要 求	
零件图号		加工数量			
下单时间		接单小组			
要求完成时间		责任人			
实际完成时间		生产人员			
产品质量检测记录					
检 测 项 目		自 检 结 果		质检员检测结果	
1	零件完整性				
2	零件关键尺寸不合格数目				
3	零件表面质量				
4	是否符合装配要求				
零件质量最终检测结果及处理意见					
验收人		存放地点		验收日期	

传动轴 3 的加工

传动轴 3 实物图

学习内容

```
                    1. 分析零件图样

                    2. 分析评分要素

                    3. 制订工艺路线

         传          4. 编写加工程序
         动
         轴          5. 加工传动轴3零件
         3
         的          6. 学习评价
         加
         工          7. 练习与作业

                    8. 填写任务工单
```

学习目标

◇ **知识目标**

（1）识读传动轴 3 的零件图样，根据图样制订工艺卡片。

（2）明确传动轴 3 的考核内容及要求。

◇ **技能目标**

（1）根据前面章节已学习的内容，确定零件加工步骤，编制工艺文件。

（2）匹配合适的数控车床指令，编制零件 G 代码程序。

（3）利用已完成尺寸粗加工零部件，修改补偿和调整加工方案。

（4）能根据加工工艺要求，装夹零件毛坯和调头装夹。

（5）会正确使用工具、量具，测量零件尺寸。

（6）按评分表要求正确评分。

◇ **素质目标**

（1）能够制订自我工作计划。

（2）能够规范着装，在考核过程中做好安全防护。

（3）能够按 5S 要求做好工位的整理与清洁工作。

◇ **核心素养目标**

（1）培养学生自我学习和自我发展的能力。

（2）树立全面质量管理意识，为后续的专业职业能力培养打下扎实基础。

（3）培养学生理论联系实际、严谨踏实、实事求是的科学态度和科学作风。

 课前思政小故事

（扫描可观看）

 任务描述

传动轴 3 为"1＋X"数控车铣加工技能职业等级证书（初级）实操考核真题，考查学生图样分析、外圆柱面加工、圆弧加工、切槽、螺纹加工的能力和安全文明生产素养。零件图与评分表分别如图 15-1、表 15-1 所示。

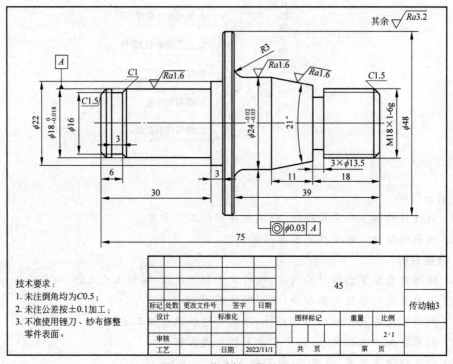

图 15-1　传动轴 3 零件图

表 15-1　传动轴 3 评分表

工件名称			传动轴 3							
检测评分记录(由检测师填写)										
序号	配分	尺寸类型	公称尺寸	上偏差	下偏差	上极限尺寸	下极限尺寸	实际尺寸	得分	评分标准
A-主要尺寸　共27分										
1	1.5	ϕ	48	0.1	−0.1	48.1	47.9			超差全扣
2	3	ϕ	24	−0.02	−0.05	23.98	23.95			超差全扣
3	1.5	ϕ	13.5	0.1	−0.1	13.6	13.4			超差全扣
4	1.5	L	39	0.1	−0.1	39.1	38.9			超差全扣
5	1.5	L	18	0.1	−0.1	18.1	17.9			超差全扣
6	1.5	ϕ	22	0.1	−0.1	22.1	21.9			超差全扣
7	3	ϕ	18	0	−0.018	18	17.982			超差全扣
8	1.5	ϕ	16	0.1	−0.1	16.1	15.9			超差全扣
9	1.5	L	75	0.1	−0.1	75.1	74.9			超差全扣
10	1.5	L	30	0.1	−0.1	75.1	74.9			超差全扣
11	1.5	L	3	0.1	−0.1	3.1	2.9			外圆槽宽
12	2	C	1.5	0.1	−0.1	1.6	1.4			2 处
13	1	C	1	0.1	−0.1	1.1	0.9			超差全扣
14	1.5	R	3	0.1	−0.1	3.1	2.9			超差全扣
15	3	螺纹	M18×1-6g							合格/不合格
B-形位公差　共3分										
16	3	同轴度	0.03	0	0.00	0.02	0.00			超差全扣
C-表面粗糙度　共4分										
17	2	表面质量	$Ra1.6$							超差全扣
18	2	表面质量	$Ra3.2$							超差全扣
总配分数		34			合计得分					

任务分析

1. 制订工作计划

利用数控车技能完成传动轴 3 的制作,分别需要完成选择毛坯材料,选取工具、量具、刀具,制订加工工艺,编写加工程序,加工零件,质量检测,5S 现场作业,填写生产任务工单八项内容,请完善表 15-2 中的相关内容。

表 15-2　传动轴 3 工作计划

姓名		工位号	
序号	任 务 内 容	计划用时	完成时间
1	选择毛坯材料		
2	选取工具、量具、刀具		
3	制订加工工艺		

序号	任 务 内 容	计划用时	完成时间
4	编写加工程序		
5	加工零件		
6	质量检测		
7	5S 现场作业		
8	填写生产任务工单		

2. 选取加工设备及物料

请根据传动轴 3 的零件图及工作计划,选取加工传动轴 3 零件所需要毛坯、数控设备、刀具、量具等,填写在表 15-3 中。

表 15-3   加工传动轴 3 的设备及物料

序号	名　　称	规格型号	数　　量	备　　注

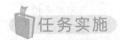

任务实施

1. 分析试题

1) 分析零件图样

由图 15-1 可知,传动轴 3 由 4 个外圆柱面、1 个螺纹、2 个槽、1 个圆弧及 5 处倒角等加工要素构成。毛坯材料为 45 号钢,毛坯尺寸为 $\phi50\text{mm}\times80\text{mm}$,$\phi24\text{mm}$ 外圆柱面尺寸的尺寸公差为 $-0.05\sim0.02\text{mm}$,$\phi18\text{mm}$ 外圆柱面尺寸的尺寸公差为 0.018mm,其余未注公差按 $\pm0.1\text{mm}$。$\phi24\text{mm}$ 外圆柱相对于基准 A 的同轴度公差为 0.03mm。$\phi24\text{mm}$、$\phi18\text{mm}$ 外圆柱面与 21°锥面的表面粗糙度值均为 $Ra1.6\mu\text{m}$,其余各加工表面的表面粗糙度值均为 $Ra3.2\mu\text{m}$。

2) 分析评分表

由表 15-1 可知,传动轴 3 的评分表主要分为 3 个部分。

(1) 主要尺寸,共 27 分

① 外圆尺寸。包括评分表 1～3 项、6～8 项,共计 12 分。采用外径千分尺检测,超差全扣。

② 长度尺寸。包括评分表 4～5 项、9～11 项,共计 7.5 分。采用游标卡尺检测,超差全扣。

③ 其他。包括评分表 12～15 项,共计 7.5 分。其中,M18×1-6g 螺纹采用通止规检

验,不合格扣 3 分;倒角 $C1.5$(2 处)和 $C1$,超差全扣,一处最多扣 1 分;圆弧面 $R3$,使用 R 规检测,超差全扣。

（2）形位公差,共 3 分

$\phi24\text{mm}$ 外圆柱相对于基准 A 的同轴度公差为 0.03mm,采用百分表结合 V 形块检测,超差全扣。

（3）表面粗糙度,共 4 分

$\phi24\text{mm}$、$\phi18\text{mm}$、锥度等外圆柱的表面粗糙度值均为 $Ra1.6\mu\text{m}$,其余各加工表面的表面粗糙度值均为 $Ra3.2\mu\text{m}$。采用粗糙度标准块对比检测表面粗糙度,超差全扣。

2. 制订工艺路线

请根据零件的加工要求,分别从表 15-4 中选择零件的工艺简图,从表 15-5 中选择零件的工步内容,按正确顺序填写在表 15-6 中,并从附录 A 和附录 B 中选择合适的刀具、量具,参考附录 C,完善表 15-6 中其他的内容。

表 15-4　传动轴 3 的工艺简图

序号	工艺简图	序号	工艺简图
1	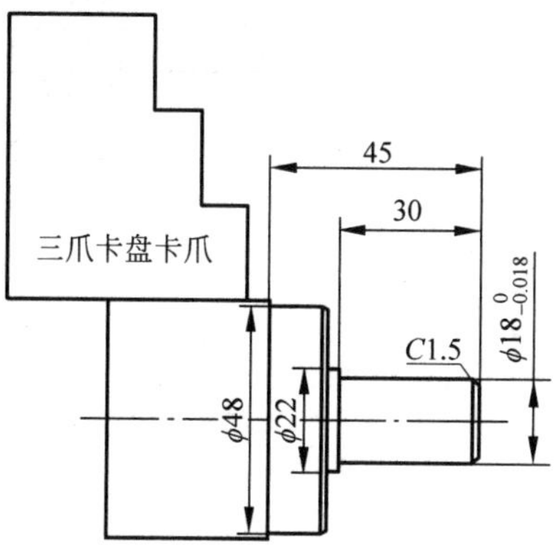	3	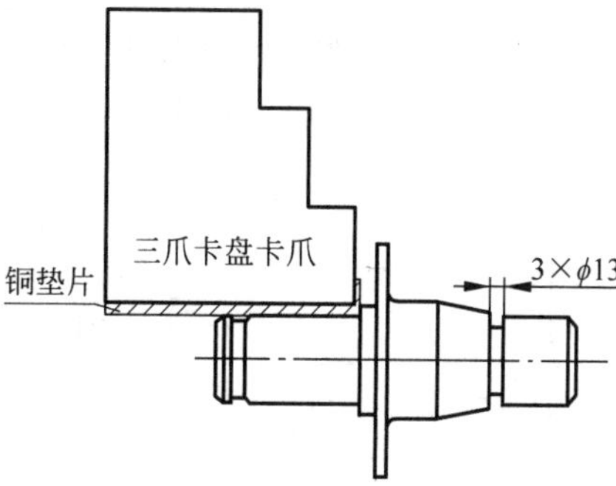
2	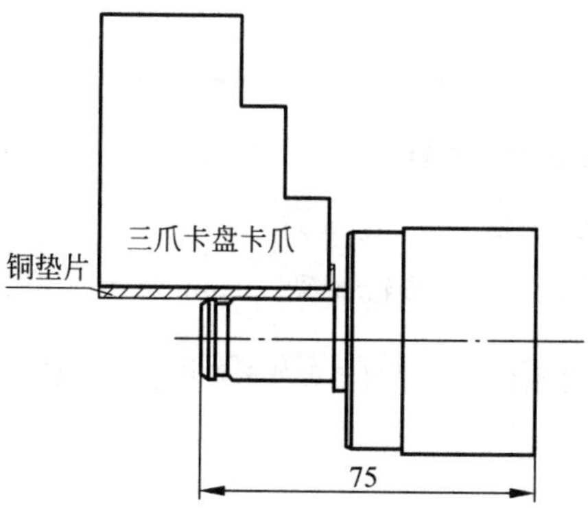	4	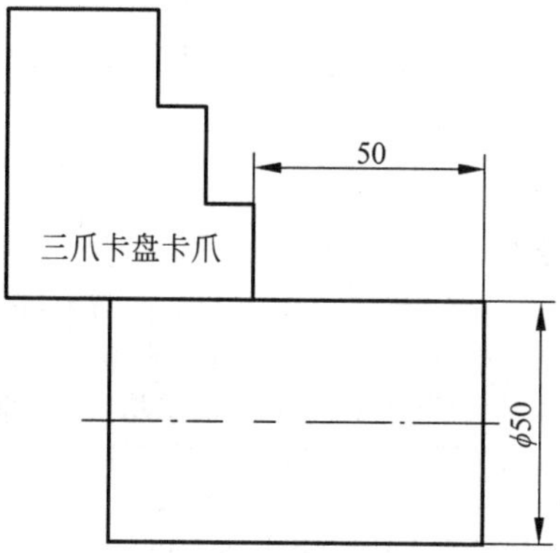

续表

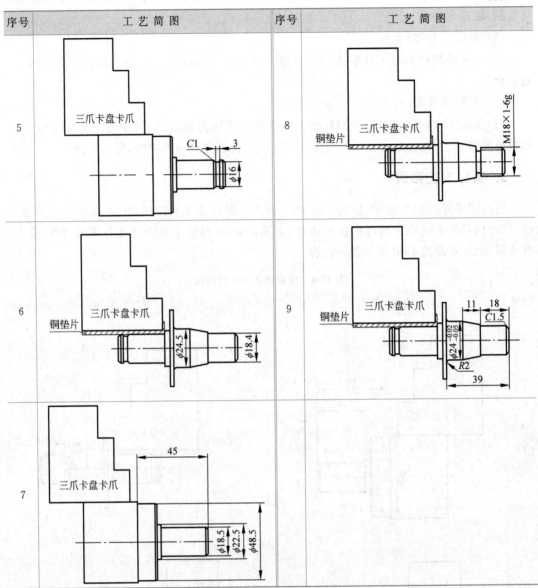

表 15-5 传动轴 3 的工步内容

序号	工 步 内 容
1	粗车 $C1.5$ 倒角及 $\phi18$mm、$\phi22$mm、$\phi48$mm 外圆柱面等外形轮廓，留 0.5mm 余量
2	车削 3mm×$\phi13.5$mm 退刀槽
3	精车 $C1.5$ 倒角、外螺纹顶径、21°锥面、$\phi24$mm 外圆柱面、$R3$ 圆角等外形轮廓至尺寸要求
4	车削 3mm×$\phi16$mm 槽、$C1$ 倒角
5	车削 M18×1-6g 外螺纹
6	装夹工件，伸出长度 50mm，车零件右端面
7	粗车 $C1.5$ 倒角、外螺纹顶径、21°锥面、$\phi24$mm 外圆柱面、$R3$ 圆角等外形轮廓，径向预留 0.5 余量
8	掉头装夹，车工件另一端面，保证总长 75mm
9	精车 $C1.5$ 倒角及 $\phi18$mm、$\phi22$mm、$\phi48$mm 外圆柱面等外形轮廓至尺寸要求

表 15-6　_____零件的加工工艺

工艺序号	工艺简图序号	工步内容序号	加工刀具	使用量具	将产生的生产垃圾	垃圾分类

3. 编写程序

1）填写工艺卡片和刀具卡片

综合以上分析的各项内容,填写数控加工工艺卡片表 15-7 和刀具卡片表 15-8。

表 15-7　传动轴 3 的数控加工工艺卡片

单位名称				产品型号		2020-1-006			
				产品名称		传动轴 2			
零件号	2020-1-006	材料型号	45	毛坯规格	棒料		设备型号		
					ϕ50mm×80mm				
工序号	工序名称	工步号	工步内容	切削参数			刀具准备		
				n/(r/min)	a_p/mm	v_f/(mm/r)	刀具类型		刀位号
1	检查毛坯		用钢直尺检查毛坯尺寸不小于 ϕ50mm×80mm	800	0.3	手轮控制	外圆粗车刀		
2	车	1	车零件右端面	800	1	0.2	外圆粗车刀		T01
		2	粗车 C1.5 倒角、ϕ18mm、ϕ22mm、ϕ48mm 外圆柱面等外形轮廓	800	1	0.2	外圆粗车刀		T01
		3	精车 C1.5 倒角、ϕ18mm、ϕ22mm、ϕ48mm 外圆柱面等外形轮廓	1200	1	0.2	外圆精车刀		T02
		4	车削 3mm×ϕ16mm 槽,C1 倒角	500	4	0.05	3mm 切槽刀		T03
		5	掉头装夹,车工件另一端面,保证总长 75mm	800	0.3	手轮控制	外圆粗车刀		T01
		6	粗车 C1.5 倒角、外螺纹顶径、21°锥面、ϕ24mm 外圆柱面、R3 圆角等外形轮廓	800	1	0.2	外圆粗车刀		T01
		7	精车 C1.5 倒角、外螺纹顶径、21°锥面、ϕ24mm 外圆柱面、R3 圆角等外形轮廓至尺寸要求	1200	0.5	0.1	外圆精车刀		T01
		8	车削 3mm×ϕ13.5mm 退刀槽	500	3	0.05	3mm 切槽刀		T03
		9	车削 M18×1-6g 外螺纹	100		1	60°螺纹刀		T04

表 15-8 数控加工刀具卡片

产品名称或代号			2020-1-006	零件名称	传动轴 3	零件图号	2020-1-006
序号	刀具号	偏置号	刀具名称及规格	材质	数量	刀尖半径	假想刀尖
1	01	01	右偏外圆车刀	硬质合金	1	0.8	3
2	02	02	右偏外圆车刀	硬质合金	1	0.4	3
3	03	03	3mm 切断车刀	硬质合金	1		
4	04	04	60°螺纹车刀	硬质合金	1		

2）编写传动轴 3 的加工程序

锥面坐标点计算如表 15-9 所示。

表 15-9 锥面坐标点计算

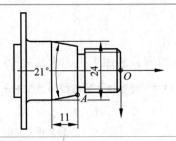

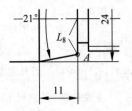	求目标点 A 坐标$(X，-18)$ X 坐标值为 $2 \times L_8$ 长度 已知条件： 21°、11mm、24mm
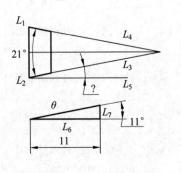	将图形 L_1 和 L_2 延长，延长线 L_3 和 L_4 夹角为 21°，根据平行线同位角相等定理，中线和 L_3 夹角＝L_3 和 L_5 的夹角 中线和 L_3 夹角＝21°÷2＝10.5° 获得 L_3 和 L_5 的夹角为 10.5° 已知 L_6 长度为 11，L_3 和 L_5 的夹角 θ 为 10.5°，可以使用三角函数正切函数 $\tan\theta = L_7/L_6$ 通过计算机获得 $\tan10.5° \approx 0.185$ $L_7 = \tan10.5° \times L_6 = 0.185 \times 11 = 2.035$
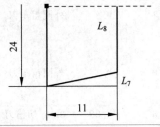	求 L_8 的长度 $L_8 = 24/2 - L_7$ $\quad = 12 - 2.035$ $\quad = 9.965$

A 点坐标为$(19.93，-18)$

以沈阳数控车床 CAK4085（FANUC Series Oi Mate-TC 系统）为例，编写加工程序，如表 15-10 所示。

表 15-10　传动轴 3 加工程序卡片

编程思路说明	顺序号	程 序 内 容
程序名		O1701；
调用 2 号粗车外圆车刀及 2 号刀补，快速定位至安全点	N10	G99 G00 X100 Z100 T0202；
主轴正转启动	N20	M03 S800；
快速接近循环点	N30	G00 X51 Z3；
粗车复合循环指令 G71	N40	G71 U1 R0.3；
	N50	G71 P60 Q150 U0.5 W0.1 F0.2；
粗加工程序段	N60	G00 X15；
	N70	G01 Z0 F0.1；
	N80	X18 Z-1.5；
	N90	Z-30；
	N100	X22；
	N110	Z-33；
	N120	X47；
	N130	X48 Z-33.5；
	N140	Z-45；
	N150	G00 X49；
退刀至安全区域，主轴停止	N160	G00 X100 Z100 M05；
程序暂停	N170	M00；
调用 1 号精车外圆车刀及 2 号刀补	N180	T0101；
精车转速	N190	M03 S1200；
快速接近循环点，刀尖半径右补偿	N200	G00 X51 Z3；
精车循环	N210	G70 P60 Q150；
快速定位至安全点，取消刀尖半径补偿，主轴停止	N220	G00 X100 Z100 M05；
程序暂停	N230	M00；
调用 3 号切槽刀及 3 号刀补	N240	T0303；
主轴正转，转速 500r/min	N250	M03 S500；
快速接近切槽定位点	N260	G00 X22 Z-6；
切 3mm×φ16mm 槽，C1 倒角	N270	G01 X16 F0.05；
	N280	X22
	N290	W-1
	N100	X18
	N110	X16 W1
	N120	X22
退刀至安全区域	N130	G00 X100；
	N140	Z100；
主轴停止	N150	M05；
程序结束	N160	M30；
掉头加工程序名		O1702；
调用 1 号粗车外圆车刀及 1 号刀补，快速定位至安全点	N210	G99 G00 X100 Z100 T0202；
主轴正转启动	N220	M03 S800；
快速接近循环点	N230	G00 X51 Z3；

续表

编程思路说明	顺序号	程序内容
粗车复合循环指令 G71	N240	G71 U1 R0.3;
	N250	G71 P260 Q360 U0.5 W0.1 F0.2;
粗加工程序段	N260	G00 X14.9;
	N270	G01 Z0 F0.1;
	N280	X17.9 Z-1.5;
	N290	Z-18;
	N300	X20.06;
	N310	X24 W-11;
	N320	Z-36;
	N330	G03 X30 W-3 R3;
	N340	G01 X47;
	N350	X48 W-0.5;
	N360	G00 X51;
退刀至安全区域,主轴停止	N370	G00 X100 Z100 M05;
程序暂停	N380	M00;
调用 2 号精车外圆车刀及 2 号刀补	N390	T0101;
精车转速	N400	M03 S1200;
快速接近循环点,刀尖半径右补偿	N410	G00 X51 Z3 G42;
精车循环	N420	G70 P260 Q360;
快速定位至安全点,取消刀尖半径补偿,主轴停止	N430	G40 G00 X100 Z100 M05;
程序暂停	N440	M00;
调用 3 号切断刀及 3 号刀补	N450	T0303;
主轴正转,转速 500r/min	N460	M03 S500;
快速接近切槽定位点	N470	G00 X24 Z-18;
切退刀槽	N480	G01 X13.5 F0.05;
退刀至安全区域	N490	G00 X100;
	N500	Z100;
主轴停止	N510	M05;
程序暂停	N520	M00;
调用 4 号螺纹车刀及 4 号刀补	N530	T0404;
转速	N540	M03 S100;
加工 M18×1 外螺纹	N545	G00 X25 Z2;
	N550	G92 X17.2 Z-16 F1;
	N560	X17;
	N570	X16.8;
	N580	X16.7;
退刀至安全区域,主轴停止	N590	G00 X100 Z100;
清除 3 号刀补	N600	T0300;
主轴停止	N610	M05;
程序结束	N620	M30;

4. 加工传动轴 3

传动轴 3 的加工过程如表 15-11 所示。

表 15-11 传动轴 3 的加工过程

序号	加工步骤	工艺简图	使用刀具	使用量具	加工方式	操作要点	本环节产生的生产垃圾	垃圾分类处理
1	用钢直尺检查毛坯尺寸不小于 $\phi50\text{mm}\times80\text{mm}$	$\phi50$，80	—		—	—		其他垃圾
2	车零件左端面	$\phi50$，50，三爪卡盘卡爪			手动	夹持毛坯外圆，伸出长度约 50mm，车平端面	铁屑	可回收物

续表

序号	加工步骤	工艺简图	使用刀具	使用量具	加工方式	操作要点	本环节产生的生产垃圾	垃圾分类处理
3	粗车 C1.5 倒角及 φ18mm,φ22mm,φ48mm 外圆柱面等外形形轮廓	φ48.5 φ22.5 φ18.5 45 三爪卡盘卡爪			自动	利用游标卡尺检测各外圆是否有 0.5mm 余量	铁屑	可回收物
4	精车 C1.5 倒角及 φ18mm,φ22mm,φ48mm 外圆柱面等外形形轮廓	$\phi18^{\ 0}_{-0.018}$ C1.5 30 45 φ22 φ48 三爪卡盘卡爪				利用外径千分尺检测 φ18mm,φ22mm,φ48mm,如尺寸偏大,则应在刀具补偿处,减去多余的直径余量后,再次精车,直至精车直至符合尺寸要求		

续表

序号	加工步骤	工艺简图	使用刀具	使用量具	加工方式	操作要点	本环节产生的生产垃圾	垃圾分类处理
5	车削 3mm×φ16mm 槽，C1 倒角				自动	利用游标卡尺检测槽宽 3mm，槽直径 16mm 是否符合要求。同时保证 C1 倒角	铁屑	可回收物
6	掉头装夹，车工件另一端面，保证总长 75mm				手动	车端面，保证总长 75mm		

续表

序号	加工步骤	工艺简图	使用刀具	使用量具	加工方式	操作要点	本环节产生的生产垃圾	垃圾分类处理
7	粗车 C1.5 倒角、外螺纹顶径、21°锥面、ϕ24mm 外圆柱面、R3 圆角等外形轮廓				自动	利用游标卡尺检测 ϕ24mm 外圆是否有 0.5mm余量	铁屑	可回收物
8	精车 C1.5 倒角、外螺纹顶径、21°锥面、ϕ24mm 外圆柱面、R3 圆角等外形轮廓					利用外径千分尺检测 ϕ24mm 外圆,如尺寸偏大,则应在刀具补偿处,减去多余的直径余量后,再次精车,直至符合尺寸要求		

续表

序号	加工步骤	工艺简图	使用刀具	使用量具	加工方式	操作要点	本环节产生的生产垃圾	垃圾分类处理
9	车削 3mm × φ13.5mm 退刀槽	3×φ13.5 三爪卡盘卡爪 铜垫片			自动	利用游标卡尺检测槽宽 3mm，槽底直径 φ13.5mm 是否符合要求	铁屑	可回收物
10	车削 M18×1-6g 外螺纹	M18×1-6g 三爪卡盘卡爪 铜垫片			自动	螺纹车削时，利用螺纹环规检测螺纹是否加工到位		可回收物
11	设备保养	—	—	—	—	整理工作台物品，清洁数控车床并上油保养，清扫实训场地		有害垃圾

学习评价

1. 学习过程评价

请你根据本次任务学习过程中的实际情况,在表 15-12 中对自己及学习小组进行评价。

表 15-12　学习过程评价表

学习小组:_____　　　姓名:_____　　　评价日期:_____

评价人	评价内容	评价等级	情况说明
自我评价	能否按 5S 要求规范着装	能 □　不确定 □　不能 □	
	能否针对学习内容主动与其他同学进行沟通	能 □　不确定 □　不能 □	
	是否能叙述传动轴 3 零件的加工工艺过程	能 □　不确定 □　不能 □	
	能否正确编写传动轴 3 零件的加工程序	能 □　不确定 □　不能 □	
	能否规范使用工具、量具、刀具加工零件	能 □　不确定 □　不能 □	
	你自己加工的传动轴 3 零件的完成情况如何	按图纸要求完成 □　基本完成 □　没有完成 □	
	能否独立且正确检测零件尺寸	能 □　不确定 □　不能 □	
小组评价	小组所使用的工具、量具、刀具能否按 5S 要求摆放	能 □　不确定 □　不能 □	
	小组组员之间团结协作、沟通情况如何	好 □　一般 □　差 □	
	小组所有成员是否都完成传动轴 3 的加工	能 □　不能 □	
教师评价	学生个人在小组中的学习情况	积极 □　懒散 □　技术强 □　技术一般 □	
	学习小组在学习活动中的表现情况	好 □　一般 □　差 □	

2. 专业技能评价

请参照零件图 15-1,使用游标卡尺、千分尺等量具,分别对自己与组员的零件进行检测,把检测结果填写在表 15-1 中。

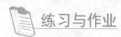练习与作业

1. 课堂练习

1)判断题

(1)准备功能字 G 代码一般描述了数控机床的辅助功能。　　　　(　　)

(2)T 指令若用四位数码指令时,则前两位数字表示刀号,后两位数字表示刀补号。

(　　)

(3)直线插补指令 G01 的运动速度由数控系统指定。　　　　(　　)

(4)工件坐标系一旦建立,绝对值编程时的指令值就是在此坐标系中的坐标值。

(　　)

（5）通过 G99 指令，固定循环结束时返回到由 R 参数设定的参考点平面。　　　（　　　）

2）选择题

（1）数控机床有不同的运动形式，需要考虑工件与刀具相对运动关系及坐标系方向，编写程序时，采用（　　　）的原则编写程序。

　　A. 刀具固定不动，工件移动

　　B. 工件固定不动，刀具移动

　　C. 分析机床运动关系后再根据实际情况定

　　D. 由机床说明书说明

（2）编程原点应尽量选择在零件的（　　　）或设计基准上，以减小加工误差。

　　A. 切削基准　　　　　B. 工件的左端面　　　C. 工艺基准　　　　　D. 装夹基准

（3）若数控机床无刀补功能，则应计算（　　　）轨迹。

　　A. 刀具根部　　　　　B. 刀具侧面　　　　　C. 刀具中心　　　　　D. 刀具端面

（4）以下可以作为程序结束的指令是（　　　）。

　　A. M20　　　　　　　B. M21　　　　　　　C. M30　　　　　　　D. M03

2. 课后作业

请你结合本次任务的学习情况，在课后撰写学习报告，并上传至线上学习平台。学习报告内容要求如下。

（1）绘制一张本次任务所学知识和技能的思维导图。

（2）总结自己或者小组在学习过程中出现的问题以及解决方法。

（3）撰写学习心得与反思。

✈ 生产任务工单

任务名称		使用设备		加 工 要 求
零件图号		加工数量		
下单时间		接单小组		
要求完成时间		责任人		
实际完成时间		生产人员		
产品质量检测记录				
检 测 项 目		自 检 结 果	质检员检测结果	
1	零件完整性			
2	零件关键尺寸不合格数目			
3	零件表面质量			
4	是否符合装配要求			
零件质量最终检测结果及处理意见				
验收人		存放地点	验收日期	

附　　录

附录A　数控车床常用刀具

附录B　常用量具

附录C　垃圾分类操作指引

附录D　各数控系统G代码指令表

数控车床常用刀具

序号	名称	常用规格	实 物 图	用 途
1	90°外圆车刀	右偏刀,85°菱形刀片		用于端面车削、外轮廓粗加工
		右偏刀,60°三角形刀片		用于外轮廓精加工
2	35°外圆车刀	右偏刀,35°菱形刀片		加工仿形最常用刀具,具有特殊的偏角特点,加工弧形(凹圆弧)无障碍,多用于精加工,但切削量不能过大
		左偏刀,35°菱形刀片		适用于从左往右切削外形轮廓,但切削量不能过大
3	45°端面车刀	90°矩形刀片		用于车削工件的外圆、端面和倒角

序号	名称	常用规格	实物图	用途
4	外螺纹车刀	右偏刀,常用刀尖角度60°、55°、30°等		用于车削不同牙型角的外螺纹
5	内螺纹车刀	右偏刀,常用刀尖角度60°、55°、30°等		用于车削不同牙型角的内螺纹
6	外切槽车刀	右偏刀,常用刀宽为2mm、3mm、4mm等		用于在工件上切出的外沟槽
7	端面槽车刀	左偏刀,常用切削直径范围:20～36mm;30～50mm;50～80mm;80～160mm等		用于在工件端面切出沟槽
8	内沟槽车刀	右偏刀,常用刀宽:2mm、3mm、4mm等		用于在工件上切出的内沟槽
9	切断车刀	右偏刀,分为一体式和板切式,刀宽为3mm、4mm、5mm等		用于切断工件
10	75°镗孔车刀	右偏刀,常用刀片有菱形、桃形、三角形等形状		用于车削工件的内孔
11	仿形车刀	球头半径为R1.5、R2、R3等		用于车削阶台处的圆角、圆槽或车削特殊形状工件
12	中心钻	常分为A型和B型		用于钻中心孔

续表

序号	名称	常用规格	实物图	用途
13	麻花钻头	$\phi 3\sim 24$mm		麻花钻是通过其相对固定轴线的旋转切削以钻削圆孔的工具。因其容屑槽成螺旋状而形似麻花而得名
14	扩孔钻	$\phi 2\sim 20$mm		扩孔钻一般用于孔的半精加工或终加工,主要用于把有预铸孔或底孔的孔进行扩大、提高圆柱度和粗糙度
15	手铰刀	$\phi 5\sim 12$mm		手用铰刀具有一个或者多个刀齿,用于切除孔已加工表面薄金属层的旋转刀具。经过铰刀加工后的孔可以获得精确的尺寸和形状
16	丝锥	M5~M12		丝锥为一种加工内螺纹的刀具,按照使用环境可以分为手用丝锥和机用丝锥,是制造业操作者加工螺纹的最主要工具
17	圆扳牙	M5~M12		用于加工或修正外螺纹的螺纹加工工具
18	毛刺刮刀	根据所加工的材质选用不同的刀片		根据不同的加工材质,选用不同材质的刀片,进行手动修边,去除毛刺

附录 **B**

常用量具

序号	名 称	常 用 规 格	实 物 图	用 途
1	钢直尺	0～150mm、0～300mm、0～500mm、0～1000mm		用于测量零件长度的量具
2	钢卷尺	1m、2m、3m、5m、10m		用于测量较长工件的尺寸或距离,是建筑和装修常用的量具
3	游标卡尺	量程:125mm、150mm、200mm、300mm。分度值:0.02mm、0.05mm、0.1mm		游标卡尺是一种测量精度较高的量具。它可直接量出工件的外(内)径、长度、宽度、高度和深度等尺寸
4	电子数显卡尺	0～150mm,读数值0.01mm		数显卡尺是带数字显示功能不需要人工读数的一种卡尺,与普通的卡尺一样能够用来测量长度、内/外径和深度等
5	深度游标卡尺	量程:100mm、125mm、150mm、200mm、300mm。分度值:0.02mm、0.05mm		深度游标卡尺简称为"深度尺",主要用于测量零件的深度尺寸或台阶高低和槽的深度
6	数显深度游标卡尺	量程:150mm、200mm、300mm。分度值:0.01mm		数显深度游标卡尺是带数字显示功能不需要人工读数的一种深度尺,与普通的深度尺一样能够用来测量深度尺寸或台阶高低和槽的深度
7	外径千分尺	0～25mm、25～50mm、50～75mm、75～100mm、100～125mm等;精度0.01mm		又称螺旋测微器、分厘卡,是比游标卡尺更精密的测量工具,精度可到0.01mm,主要用于测量精度要求较高的工件

续表

序号	名 称	常 用 规 格	实 物 图	用 途
8	数显外径千分尺	0～25mm、25～50mm、50～75mm、75～100mm、100～125mm 等；精度 0.001mm		带数字显示功能不需要人工读数的一种千分尺，与普通的外径千分尺测量功能一样，精度可达 0.001mm
9	叶片千分尺	0～25mm、25～50mm、50～75mm、75～100mm、100～125mm 等；精度 0.01mm		叶片千分尺测砧和测杆的端面为 0.75mm 的薄片型测量面，用于测量窄槽、狭窄缝隙花键轴、键槽等不易测量位置的尺寸
10	公法线千分尺	0～25mm、25～50mm、50～75mm、75～100mm、100～125mm 等；精度 0.01mm		用于测量齿轮的公法线长度，还可用于测量工件特殊部位的尺寸，如键、筋、厚度、成形刀具
11	塞规	以精度等级分类：H7、H8、H9		由通端、止端和柄部组成。测量时，当通端可塞进孔内而止端进不去时，孔径为合格
12	内测千分尺	5～30mm、25～50mm、50～75mm、75～100mm、100～125mm、125～150mm；精度 0.01mm		适用于机械加工中测量 IT10 或低于 IT10 级工件的孔径、槽宽及两端面距离等内尺寸
13	三点内径千分尺	12～16mm、16～20mm、20～25mm、25～30mm、30～40mm、40～50mm、50～63mm 等；精度 0.001mm		用于内径尺寸精密测量，特别适用于深孔、盲孔等，精度可达 0.001mm
14	深度千分尺	0～25mm、0～50mm、0～75mm、0～100mm、0～150mm；精度 0.01mm		常用于测量工件的孔或槽的深度以及台阶高度
15	内径百分表	6～10mm、10～18mm、18～35mm、35～50mm、50～100mm、50～160mm；精度 0.01mm	百分表 绝热套 表杆座 表杆 活动量头	用比较法对孔径、槽宽及其几何形状误差进行测量的量具

序号	名　称	常 用 规 格	实 物 图	用 途
16	百分表	测量范围：0～3mm、0～5mm、0～10mm；精度0.01mm		用于测量工件的尺寸和形状、位置误差等，同时用于零件装夹校正。分度值为0.01mm，测量范围为0～3mm、0～5mm、0～10mm
17	杠杆表	测量范围：0～0.2mm、0～0.5mm、0～0.5mm、0～1mm等；精度0.001mm、0.002mm、0.01mm		利用杠杆-齿轮传动机构或者杠杆-螺旋传动机构，将尺寸变化为指针角位移，并指示出长度尺寸数值的计量器具，用于测量工件的尺寸和形状、位置误差等，同时用于零件装夹校正
18	螺纹通止规	测量范围：M2～M20		螺纹通止规是精密的螺纹检测量规，使用时分"通规"和"止规"两种。它主要用来检测螺纹的极限大径值和极限小径值
19	螺距规	规格：60°和55°牙型角		螺距规可准确测量螺纹的螺距，测量时，将螺距规沿着通过工件轴线的平面方向嵌入牙槽中，如完全吻合，则说明被测螺距是正确的
20	螺纹千分尺	规格：60°和55°牙型角		螺纹千分尺两个与螺纹牙型角相同的测量头正好卡在螺纹牙侧，所得到的千分尺读数就是螺纹中径的实际尺寸
21	简易量角器	100mm、150mm、200mm		画图用具，可以根据需要画出所要的角度
22	万能游标量角器	测量范围：0°～320°，标准分度值有：2′和5′		又称为游标角度尺和万能角度尺，它是利用游标读数原理直接测量工件角或进行划线的一种角度量具

续表

序号	名 称	常 用 规 格	实 物 图	用 途
23	量块	测量范围：0.50～1000mm，精度：0级、1级、2级		又称块规，它是机器制造业中控制尺寸的最基本的量具，是从标准长度到零件之间尺寸传递的媒介，是技术测量上长度计量的基准
24	半径规（R规）	$R1～R6.5$mm、$R7～R14.5$mm、$R15～R25$mm、$R25～R50$mm		利用光隙法测量圆弧半径的工具
25	表面粗糙度比较样块	规格分为三种：七组样块、六组样块、单组形式		以比较法检查机械零件加工表面粗糙度的一种工作量具。通过目测或放大镜与被测加工件进行比较，判断表面粗糙的级别
26	粗糙度仪	从测量原理上主要分为两大类：接触式和非接触式两种		具有测量精度高、测量范围宽、操作简便、便于携带、工作稳定等特点，可以广泛应用于各种金属与非金属加工表面的检测

附录 C

垃圾分类操作指引

序号	实训环节	产生垃圾	实物图示	分类指引
1	备料、切断	毛坯余料		可回收物
2	备料、切断	毛坯余料		可回收物
3	车削、钻削	铝屑		可回收物
4	车削、钻削	铁屑		可回收物
5	车削	废刀片		可回收物
6	钻削	废钻头		可回收物
7	车削、钻削	废切削液		有害垃圾

续表

序号	实训环节	产生垃圾	实物图示	分类指引
8	清洁保养	废旧毛刷		其他垃圾
9	清洁保养	废旧油刷		有害垃圾
10	检测	零件成品		可回收物
11	清洁保养	抹布		其他垃圾
12	清洁保养	油抹布		有害垃圾
13	清洁保养	手套		其他垃圾
14	清洁保养	废机油		有害垃圾
15	清洁保养	废煤油		有害垃圾

附录 D

各数控系统 G 代码指令表

附表 D-1　FANUC Oi 车床数控系统 G 代码指令表

G 代码	组别	功　　能	G 代码	组别	功　　能
G00		定位(快速移动)	G50		坐标系设定或主轴最大速度设定
G01	01	直线插补(切削进给)	G52		局部坐标系设定
G02		圆弧插补 CW(顺时针)	G53		机床坐标系设定
G03		圆弧插补 CCW(逆时针)	G54		选择工件坐标系 1
G04		暂停、准停	G55	14	选择工件坐标系 2
G07.1		圆柱插补	G56		选择工件坐标系 3
G10	00	可编程数控输入	G57		选择工件坐标系 4
G11		可编程数据输入方式取消	G58		选择工件坐标系 5
G12	21	极坐标方式插补	G59		选择工件坐标系 6
G13		极坐标方式插补取消	G65	00	宏程序调用
G20	06	英制输入	G70		精加工循环
G21		米制输入	G71		外圆粗车复合循环
G22	09	存储行程检查接通	G72		端面粗车复合循环
G23		存储行程检查断开	G73	00	封闭切削复合循环
G25	08	主轴速度波动断开	G74		端面深孔切削复合循环
G26		主轴速度波动接通	G75		外圆、内圆车槽复合循环
G27		返回参考点检查	G76		螺纹切削复合循环
G28		返回参考点(机械原点)	G90		外圆、内圆车槽循环
G30	00	返回第二、第三、第四参考点	G92	01	螺纹切削循环
G31		跳转功能	G94		端面切削循环
G32	01	螺纹切削	G96	02	恒线速开
G34		变螺距切削	G97		恒线速关
G36	00	X 向自动刀具补偿	G98	05	每分进给
G37		Z 向自动刀具补偿	G99		每转进给
G40		刀尖半径补偿取消			
G41	07	刀尖半径左补偿			
G42		刀尖行径右补偿			

附表 D-2   HNC-21T 数控系统 G 代码指令表

G 代码	组别	功　　能	参数(后续地址字)
G00	01	快速定位	X,Z
* G01		直线插补	X,Z
G02		顺圆插补	X,Z,I,K,R
G03		逆圆插补	X,Z,I,K,R
G04	00	暂停	P
G20	08	英寸输入	X,Z
* G21		毫米输入	X,Z
G28	00	返回参考点	
G29		由参考点返回	
G32	01	螺纹切削	X,Z,R,E,P,F
* G36	17	直径编程	
G37		半径编程	
* G40	09	刀尖半径补偿取消	
G41		左刀补	T
G42		右刀补	T
* G54	11	坐标系选择	
G55			
G56			
G57			
G58			
G59			
G65		宏指令简单调用	P,A~Z
G71	06	外径/内径车削复合循环	X,Z,U,W,C,P,Q,R,E
G72		端面车削复合循环	
G73		闭环车削复合循环	
G76		螺纹切削复合循环	
G80		外径/内径车削固定循环	X,Z,I,K,C,P,R,E
G81		端面车削固定循环	
G82		螺纹切削固定循环	
* G90	13	绝对编程	
G91		相对编程	
G92	00	工件坐标系设定	X,Z
* G94	14	每分钟进给	
G95		每转进给	
G96	16	恒线速度切削	S
* G97		恒线速度功能取消	

　　注:00 组中的 G 代码是非模态的,其他组的 G 代码是模态的;带有 * 记号的 G 代码为初态指令,当系统接通时,系统处于这个 G 代码状态。

附表 D-3　GSK980TA 数控系统 G 代码指令表

代　码	组　别	功　能
G00		快速定位
＊ G01	01	直线插补
G02		顺时针圆弧插补
G03		逆时针圆弧插补
G04	00	暂停、准停
G28		返回参考点（机械原点）
G32	01	等螺距螺纹切削
G50	00	坐标系设定
G65		宏程序命令
G70		精加工循环
G71		轴向粗车循环
G72		径向粗车循环
G73	00	封闭切削循环
G74		轴向切槽循环
G75		径向切槽循环
G76		多重螺纹切削循环
G90		轴向切削循环
G92	01	螺纹切削循环
G94		径向切削循环
G96	02	恒线速控制
G97		取消恒线速控制
＊ G98	03	每分进给
G99		每转进给

注：00 组的 G 代码是一次性 G 代码，即非模态功能指令；带有 ＊ 记号的 G 代码为初态指令，当系统接通时，系统处于这个 G 代码状态。

附表 D-4　GSK980TDa 数控系统编程指令一览表

代码	功　能	代码	功　能
G00	快速定位	G28	自动返回机械零点
G01	直线插补	G30	回机床第 2、3、4 参考点
G02	顺时针圆弧插补	G31	跳转插补
G03	逆时针圆弧插补	G32	等螺距螺纹切削
G04	暂停、准停	G33	Z 轴攻丝循环
G05	三点圆弧插补	G34	变螺距螺纹切削
G6.2	顺时针椭圆插补	G36	自动刀具补偿测量 X
G6.3	逆时针椭圆插补	G37	自动刀具补偿测量 Z
G7.2	顺时针抛物线插补	G40	取消刀尖半径补偿
G7.3	逆时针抛物线插补	G41	刀尖半径左补偿
G10	数据输入方式有效	G42	刀尖半径右补偿
G11	取消数据输入方式	G50	设置工件坐标系
G20	英制单位选择	G65	宏代码
G21	公制单位选择	G66	宏程序模态调用

代码	功　能	代码	功　能
G67	取消宏程序模态调用	G90	轴向切削循环
G70	精加工循环	G92	螺纹切削循环
G71	轴向粗车循环	G94	径向切削循环
G72	径向粗车循环	G96	恒线速控制
G73	封闭切削循环	G97	取消恒线速控制
G74	轴向切槽循环	G98	每分进给
G75	径向切槽循环	G99	每转进给
G76	多重螺纹切削循环		

参 考 文 献

[1] 邓集华,刘志.数控车工艺与技能训练[M].北京:清华大学出版社,2019.

[2] 武汉华中数控股份有限公司组编.控车铣加工实操教程(中级)[M].北京:机械工业出版社,2021.

[3] 谢晓红.数控车削编程与加工技术[M].北京:电子工业出版社,2015.

[4] 李国举.数控车床编程与操作基本功[M].北京:人民邮电出版社,2011.

[5] 杜强.数控车床加工技术[M].北京:中国劳动社会保障出版社,2010.

[6] 邓集华.数控车床编程与竞技[M].武汉:华中科技大学出版社,2010.

[7] 陈移新.GSK系统数控车加工工艺与技能训练[M].北京:人民邮电出版社,2008.

[8] 学习强国官方网站.

[9] 中国军网.

[10] 中国吉林网.